U0133701

跟着

节气
过日子

成琳——编著

春

广西师范大学出版社
GUANGXI NORMAL UNIVERSITY PRESS

·桂林·

立春　雨水　惊蛰　春分　清明　谷雨

「自然的智慧」，是中国传统文化的精髓。

明前茶在每年的三月中旬到清明前采摘，所采的茶芽叶细嫩，色翠香幽。你几乎不用加工，它就是一杯味醇形美的茶中上品。

大山深处的油茶林，不用施肥，也不用除虫，油茶果十月采收后，用传统的古法压榨工艺「木笼榨」，经十几道工序榨出来的山茶油总是自然纯正，沁人心脾，味道也绵久悠长。

乌黑朴拙的荥经砂器，是用粗粝的泥料在炭火中焚烧而成的，每一个砂器上都能看到泥与火的相互作用。它在清风雅雨间已有两千年历史，千锤百炼中付出的情感与时间，造就其朴拙的器物之美。

……

在这顺应节气的生活之中，有勤劳的耕作，有耐心的守候，更有中国人天人合一的智慧。

前言

跟着节气过日子

○ 成 琳 ○

跟着节气过日子，其实是一种理念，旨在透过手作之美的工匠精神，让其成为一种生活的态度以及信仰。手艺人是中国式工匠精神的最好诠释者，也是中国日子的最好践行者。

转转会从 2008 年开始，通过微信公众平台，以推动生活美学、实践社会关怀为宗旨，举办形式多样的线上与线下活动。我们主张：艺术应该进入生活；生活美学不是一种高调，而是在饮食起居、生活吟咏中实现，在与知交好友过往来中实现，在个人日常生活的细节中实现。同时，我认为，国人的生活已经从追求物质进入了追求精神审美的阶段：属于精神生活的艺术，必须进入千家万户的生活之中；艺术能影响国人，能成为创新能力的基础。

在这个时代中，令人感到浮躁的事儿太多，迷失在金钱中的人太多。所幸，仍有默默坚守的手艺人，将生活变得富有美感和温情。

为了持续推动艺术进入生活，我们发起成立了"手作之美创业联盟"。联盟里的匠人是一些认真生活、认真创作、认真创业的人。他们所从事的手艺，有一些已鲜有人知，其中有不少工艺濒临失传。他们中既有年轻的继承者，也有干了一辈子的老师傅。不管是沿袭古方酿酒、榨油还是用传统方式耕作农田，他们都用手传递着对生活的爱与热情。

世界嘈杂，手艺人的心是安静的。他们都有一门手艺，专注于自己的作品，对其精雕细琢，做到极致。我走近他们的时候，看到的不是手艺本身，而是他们专注做事背后的宁静——那是手艺人细腻优雅的生活方式，也应该是中国人该有的生活方式。

日本"民艺之父"柳宗悦说："手艺人以拥有手艺的工作为荣，但又不愿意夸耀自己，制作正宗的作品才是他们引以为豪的。多数的手艺人都没有留下名字就离开了这个世界，然而在他们精心制作的作品上，却寄寓着他们对这个世界的期望。"（《民艺论》）所以，在手艺人身上，你看不到浮躁。他们对艺术全情投入，在无止境的工作中上下求索，在年复一年的手艺钻研中，一心只为创作出更好的手艺作品，即使用一生的时间去做一件事，亦无怨无悔、无惧无畏。

手艺，手易，守不易。对于手艺人来说，手艺不仅是谋生工具，更是一种情怀，一种坚守，一种信仰，一种责任。

在人们对现代化、商业化习以为常的今天，手艺只是一个途径。这本书想要借以表达的是中国人的精气神和生活智慧。它的意义在于唤起读者对手艺人处境以及中国传统生活方式的关注。

我相信时光不尽，匠心不灭，手艺不止。

序

光阴里的中国智慧

○ 萧 萧 ○

中国的二十四节气，蕴含着农业文明的"时间智慧"。它让自然有了有规律的细分，让一年有了分明的四季，被誉为"中国第五大发明"。二十四节气，说的是气候、物候，实际上也是在说我们人类的生存之道。

2016 年 11 月 30 日，二十四节气被正式列入联合国教科文组织人类非物质文化遗产代表作名录。这个荣誉令国人无不引以为傲。

还记得小时候常背的《二十四节气歌》吗?

> 春雨惊春清谷天，夏满芒夏暑相连，
> 秋处露秋寒霜降，冬雪雪冬小大寒。
> 每月两节不变更，最多相差一两天，
> 上半年来六、廿一，下半年是八、廿三。

从立春的料峭到夏至的炎热，从秋分的落叶到大寒的风雪，作为古老智慧的传承，二十四节气是中国人尊重自然、顺应自然的鲜明体现。古人不仅据此安排农事，还形成了诸如咬春、踏青、祭祀、登高等民俗，更在季节的轮回中，感受着星辰的起落、草木的枯荣。

二十四节气，在四季轮回中流淌，不曾虚度。那些关于生活的美好，都有四季岁月替我们好好珍藏。

应天时而动，就地利而兴。在与天地的对话互动中，中国人认识了自然，创立了二十四节气。从"种田无定，全靠看节气"到"春牛春杖，无限春风来海上"，二十四节气从最初的指导农耕生产逐渐深入中国人的衣食住行，已经穿越了两千年的时光。

对于久居城市的现代人而言，二十四节气不只是农耕时代的文化遗产，更多的是中国人世代相传的生活艺术——它在提醒我们尊重自然、感时应物的背后，还有一个细腻诗意的世界。它深刻影响着我们的思维方式和行为准则，是中国传统文化的重要组成部分。

节气生活是全貌的，是鲜活的，是视觉、听觉、味觉、嗅觉、触觉以及心觉的综合。节气生活不只是物质的享受。生活美学的实践更需要遵从自然规律，从启发个人的六感开始。只有体验、动手、游历、行动，才能将审美的历程真正实现。

近两年来，成琳女士和她的"转转会生活美学实验室"，根据二十四节气的节奏与韵律，举办了各种展览及其他活动，旨在从衣食住行的生活角度，跟随着大自然的韵律，追求琴棋书画诗酒花的精神与形而上的生活。成琳女士说："生活美学实验室并不是完美的，也不是成熟的。这是一个自我实践的互动平台，需要在追求与大自然和谐共存的大理念下，从自身做起，逐步通过更多人的参与、实践才能逐步完善。"

《史记·太史公自序》说："夫春生夏长，秋收冬藏，此天道之大经也。"新年迎春，端午迎夏，中秋节秋收有成，入冬农闲，以过年为中心安享一年劳动成果。在天人合一的主导观念中氤氲化育成的节日，重视个体生命与自然节气和谐，是中华文化的一个重要组成部分。传统节日阐述了其与个人生命中每一特定成长阶段的相关性。这种相关性，不仅教会我们懂得如何与自然和谐相处，更能唤起我们对生命本身的体悟，掌握自然的节奏与律动，主动安排好自己生命的途程，不至于在多岔的路口迷失方向。

二十四节气的申遗成功，不仅呼唤我们回归中国传统生活方式，更要求我们深入日常生活，重新找到与自然相处之道，寻求一种平衡、和谐、美好的生活方式。

我们是大自然的一分子，与大自然是连动的。"独乐乐"不如"众乐乐"，把生活过好，更需要把人与人、人与物、人与自然的关系处理好。这是生活美学的最高境界。岁时与节气正是中国人与自然相处的一种智慧。

跟着节气过日子，不只是"慢生活"的哲学，更是中国人古老的天人合一的生活智慧，蕴含了敬天爱人的敦厚与永续发展。

跟着节气过日子，是一种日常生活的智慧，更应该成为一种传统。

目 录

清明

谷雨

忽对林亭雪，瑶华处处开。

今年迎气始，昨夜伴春回。

玉润窗前竹，花繁院里梅。

东郊斋祭所，应见五神来。

——《立春日晨起对积雪》

（唐代 张九龄）

立春

人随春好，春与人宜。

每年 2 月 4-5 日太阳到达黄经 315° 的时节，便是中国二十四节气之首的立春。

立春，俗称"打春"。这一日，风从东方来。《尚书大传》说："东方为春。春者，出也，万物之所出也。"它意味着风和日暖、鸟语花香，也意味着万物生长，农家播种。明代王象晋编撰的《二如亭群芳谱》对"立春"的解释为："立，始建也。春气始至而建立也。"

立春是一个时间点，也是一个时间段。古人细腻，对大自然的变化敏感，将立春的十五天分为三候："一候东风解冻；二候蛰虫始振，三候鱼陟负冰"。意思是说，立春后第一个五日，东风送暖，大地开始解冻；第二个五日，蛰居的虫类慢慢在洞中苏醒；第三个五日，河里的冰开始融化，鱼到水面上游动，水面上还有没完全消融的碎冰片，如同被鱼背负着一般漂浮在水面上。这种洞察，这种和谐，这种人类与自然的美妙共振，是我们不能遗失的美好。

阳和起蛰，品物皆春。伴随着温柔的春风，中国人一年的生活从酿米酒开始了。

尝尝被我们遗忘，却藏在中国人骨子里的酒

◎ 吴晓波频道有一个寻找「新时代新匠人」的活动。所谓的「新匠人」，是用现代的理念重新定义传统的东西，让它们承载着历史，新鲜活在当下的匠人。

「江南米酒」创始人陈剑波就是走入吴晓波频道的新匠人之一。

从传统媒体人、设计师、酒吧咖啡吧从业者，再到与专业不搭边的酿酒匠人，陈剑波走的完全是大跨界模式。他相信中国米酒的品质，也相信通过自己的努力，一定可以恢复米酒的往日荣光。

念念不忘，光阴深处米酒香

两千多年前，屈原喝了楚怀王铜鉴冰镇的糯米酒后，总是念念不忘米酒的清香冰爽。《楚辞·招魂》称其"挫糟冻饮，酎清凉些"。

唐宋那个年代，人们在田地里劳动，也喜欢用冰鲜米酒消暑解渴。

在做米酒之前，陈剑波去过全国许多地方，喝了几十种米酒、黄酒，还是找不到想要的那种米酒口感，记忆中这种米酒层次丰富、香甜甘爽。

陈剑波一直在想：为什么现在就没有了好喝的米酒？

2012 年，陈剑波离开《都市快报》，与好友一起创立了包含酒吧、咖啡吧、餐饮等业态的生活休闲文化品牌——"老木头乡村"。在这里，他把生活休闲文化集全了，也看到了生活的新方向。好多老外喜欢来这里。也是在这里，陈剑波认识了很多朋友。

那时候，陈剑波一边在企业日常工作中不断学习管理和经营经验，一边进行有趣的家具及工艺品创作。"老木头乡村"的所

①、②创始人陈剑波在研究酿酒工具

有家具、摆设都来自他和他的团队的亲手设计制作。在这里，他邀请过明星来演出，也举办过嘉兴最成功的音乐节。

陈剑波的"老木头乡村"，是众多音乐人、文化爱好者的聚集点，也是嘉兴的文化地标。

① ①酿酒木耙

② ②成酒的后封材料也要符合多项要求

夜台无李白，古人饮酒的仪式感犹在

在"老木头乡村"，陈剑波遇过无数好酒之人。他们说起人头马、轩尼诗的时候，总有着一种莫名的骄傲感，似乎这些酒带

①②
③④

①曲种降温培育过程

②酿造所用山泉水的源头

③新酿造工艺后的米

④配方确定的红曲

着某种高贵的血统。这一直让陈剑波很困惑：难道中国就没有高格调的酒？

中华民族也曾有过灿烂的酒文化，应该有一款藏在中国人骨子里的酒。很多因素，都最终指向了米酒。

米酒是"世界三大古酒"之一，从水到曲到米的选择，都有着极其玄妙的工艺。在宋朝，米酒和生活本质的联系是最直接、最本真的。

从那个时候开始，陈剑波决定去寻找被我们遗忘、却藏在中国人骨子里的酒——米酒。

在查找米酒文化资料中，陈剑波发现古人饮酒有一种很饱满的仪式感，比如曲水流觞、青梅煮酒、箪醪劳师。李白身边有个酿酒匠人叫纪叟。纪叟死后，李白非常悲痛，写了首诗纪念他："纪叟黄泉里，还应酿老春。夜台无李白，沽酒与何人？"（《哭宣城善酿纪叟》）可见，连李白这样的酒徒，对酒都是那么挑剔。

再后来，陈剑波还发现米酒的口味契合国人的味蕾，也符合国人养生的理念，但自宋朝以后一直没落至今。实际上，宋朝的酒有小酒 26 个等级、大酒 23 个等级之分，米酒是宋朝辉煌文明的重要组成要素。"独醒坐看儿孙醉，虚负东阳酒担来。"（《东阳郭希吕吕子益送酒》）诗人陆游最爱的酒，是他的好朋友吕子益酿造的米酒。经常因酒被点赞的吕子益是南宋嘉定年间进士，他酿的好酒在南宋官场风靡一时。寻访中，陈剑波得知吕子益的后人吕敏湘现在是浙江省"非遗"传承人。

陈剑波在找到吕敏湘之前，已行程数万公里遍寻各省酿酒和制曲作坊，可谓为米酒痴、为米酒狂。

三年时间，只为寻找那一口藏在中国人骨子里的酒

2015—2016 年，陈剑波在路上整整奔波了两年。他先后跨越浙江、江西、福建、安徽、江苏五省，只为寻找那一口藏在中国人骨子里的酒。

在实际调研的过程中，陈剑波发现无论天南地北，中国人对于米酒都有着民族共同的味觉记忆。比如，云南、广西有米酒、江米酒；山西、甘肃有稠酒；东北有朝鲜米酒；在中原江南，米酒更不用说，处处可见。

他凭着小时候对于甜酒酿的味觉记忆，把上面的点儿踩了个遍，却寻觅不到他想要的那种味道。

①②
③④
⑤⑥

①、③、⑤寻找中草药制曲

②、④潜心研制草木曲的老匠人

⑥研制的草木曲成曲

跟着节气过日子

春

那些日子，陈剑波晚上躺在床上翻来覆去睡不着，总念叨着那记忆中的米酒口感。最终他决心研究米酒的酿造工艺，尝试着自己去酿酒，造一款理想中的米酒。

第二天，陈剑波从床上爬起来，拉开窗帘。他内心更加坚定了。他拎着包，毫不犹豫便出了家门，也从此开始了寻找红曲和米酒的非物质文化遗产传承人的路。

在寻访路上，陈剑波学习水的优化、曲的优化、米的优化、工艺的优化。他给它们做了个有趣的类比：米为酒之精，水为酒之气，曲为酒之神。

酒的酿造其实是一场时间的艺术，也是一场微生物的华丽乐章。每一次酿造都是水、曲、米、温度、时间等各种不同属性的综合平衡。

陈剑波跑遍了几个省，首先解决了米酒的原料问题。他选取了江苏、安徽那一带的糯米，借鉴日本清酒"精米步合"工艺，遵循《齐民要术》反复强调的"其米绝令精细，淘米可二十遍"、"米必令五六十遍淘之"，将米粒外层富含蛋白质和脂肪的部分细细磨去，让米达到极其"洁净"的程度，同时优化发酵和糖化程度，提升酒中香酯水平。

寻访中，陈剑波发现古人在酒曲中使用中草药，目的是增进酒的香气，一些中草药成分对酒曲中的微生物繁殖还有微妙的作用。而现代人做事讲究效率，化学酒曲效率更高，便纷纷用化学酒曲酿酒。但要做出口感真正优秀的好酒，草木曲依然是绕不开的。为此，陈剑波和老匠人深入各地寻找草药，比如辣蓼、白芷、黄芪、甘草、首乌、桂花、丹参、川芎……各种中草药中丰富的矿物元素、微生物是打造酒体丰富口感的重要因素。

同时，陈剑波使用草木曲，不仅给酒体增加了香醇绵长的口感，还令酒体外观像女子一样风姿绰约。

要做出上好的米酒，关键就是水源。古人说，酿酒山泉水为

$\frac{①}{\frac{②}{③}}$ ①、②、③酒曲的调试

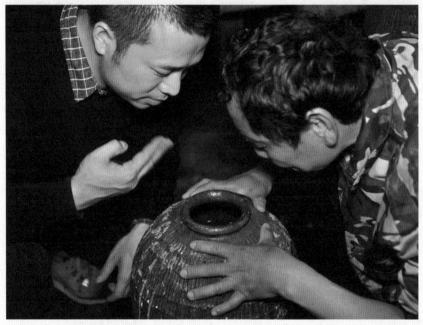

①、②创始人陈剑波和匠人一起研究酿酒

①制酒之蒸饭

②制酒之摊凉

上，井水次之，江河水再其次。而现在大多数酒厂用的都是自来水。在水的选择上，陈剑波坚持不能将就的原则：在酿酒流程中，包括清洗酿制工具时，都使用恒温山泉水，让水和空气中的微生物充分参与风味的酝酿。

米酒，一种致敬传统的表达方式

解决了自酿的三大元素后，陈剑波发现要找到工艺标准符合要求的酒厂无比困难。

大型的酒厂不愿意做小样测试，因为机器一开动，没有几吨酒的销量根本跑不动；小型的酒厂，要么设备简陋，卫生条件、工艺人员不合适，要么某几个条件达到了，但不愿意陪陈剑波一起试验，因为生产压力太大，没有时间做。

最终，陈剑波找到了愿意配合的酒厂进行合作，但是准备打样生产时却发现，在自酿中积累的经验几乎不再起作用，量产和自酿完全是两回事。因为大量的酒胚堆积，微生物的控制变得极其艰难，温度的变动也猝不及防。

对酿酒的发酵时间和温度的把控，是陈剑波面临的一大难题。这个结果让他有些受挫。短暂停歇向外学习后，他想到了建立一个恒温车间。他找了很多酒厂，但他们都不愿意费周章。

最后，陈剑波将非遗传承人的古法经验与新技术相融合，专门建了一个恒温车间，通过恒温技术来精确控制高温发酵和低温发酵的时间、酒精度的变化和酸甜度的平衡。

不了解陈剑波的人认为他傻，因为这意味着一旦某个细节出现差错，就会导致酒馊了坏了、浓了淡了、酸了苦了。为此他开启了疯狂的小样测试，很长一段时间内，每天回到家就是面对一大堆酒样。对于发酵失败的一缸缸酒，陈剑波只能不停地倒掉，再一次次重来。

经过三年时间，100 多次失败后，2016 年的 12 月，陈剑波终于成功研制出他想要的江南米酒。

当陈剑波把制作好的小样拿出来时，一位有 20 多年酿酒经验的酒厂厂长兴奋地说："这是我喝过的最好喝的米酒！"一位外国友人喝了陈剑波的米酒原酿，对层次丰富、口感婉转的酒浆赞不绝口。

这些赞美和肯定让陈剑波感受到了一种使命感和一种致敬传统的表达方式。

江南米酒，像是和唐诗宋词一起散落在江南山水间的精灵。陈剑波一直在做的，就是让古老的米酒在中国人的餐桌上鲜活起来。

每一次开窑，都是
火与土的新生

◎ 在中国的西南——四川雅
安荥经县，有一种朴拙的陶器，尽
管工艺、色泽不尽相同，但温厚自
然的气质与志野陶有异曲同工之
妙。这便是荥经砂器。

砂器是陶器的一个分支，从太
行山以西到江南水乡，许多地方都
有生产。「东有宜兴紫砂，西有荥
经黑砂。」乌黑朴拙的荥经砂器，
常与宜兴紫砂相提并论，其工艺历
史可以上溯至两千多年前。时间的
打磨，让其生出沉甸甸的文化力
量。与宜兴紫砂不同，荥经砂器主
要是用来烧制炊具，一壶一罐，皆
为寻常人家的实用之器。

清风雅雨间，已有两千年历史

2013年，毕业于四川美术学院工业设计系的硕士廖桦，第一次来到四川雅安的荥经县就被砂器深深震撼到了。

荥经，灰白的天空中，云如水墨氤氲，不时飘落细密的雨丝；山谷里腾起的白雾，空灵、缥缈。八十年前，画家齐白石到荥经，为清润的气候所醉，即兴刻印"家在清风雅雨间"。

走在古朴的荥经，廖桦印象深刻的是，一眼望去，大街小巷整整齐齐摆放着的都是乌黑的瓶瓶罐罐，而且人们种花的花器用的都是砂器。可见砂器已深深影响了荥经人生活的方方面面。

陶器或许是人类文明史上最神奇的创造了。迄今为止，世界上还没有一个不制造陶器的部落。早在新石器时期，中国古人就学会抟土为陶。数千年间，工艺缓慢演变着，逐渐出现彩陶，东汉年间出现釉色细腻、光彩润洁的瓷器。砂器属于古代陶器的一个分支，因为原材料及烧制工艺与陶不一样而自成一派。从太行山以西的平定，到东部的江南水乡都出产砂器，因地域不同、取材不同而不尽相同。

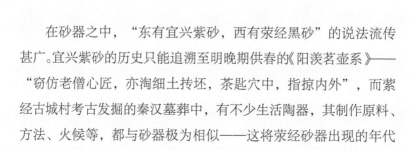

②
①③
④

①全手工打磨树枝

②红砂器系列

③砂器树枝茶叶罐

④树枝茶壶

　　在砂器之中，"东有宜兴紫砂，西有荥经黑砂"的说法流传甚广。宜兴紫砂的历史只能追溯至明晚期供春的《阳羡茗壶系》——"窃仿老僧心匠，亦淘细土抟坯，茶匙穴中，指掠内外"，而荥经古城村考古发掘的秦汉墓葬中，有不少生活陶器，其制作原料、方法、火候等，都与砂器极为相似——这将荥经砂器出现的年代

①②
③④

①第二版改良红砂器
②银彩花瓶
③砂器花插
④银彩砂器系列

① ①传统砂器制作

② ②烧制砂器的传统馒头窑

推至两千年前。

每一次开窑，都是火与土的新生

四川雅安，当地有三项国家级的非物质文化遗产，其中，藏茶和荥经砂器这两项联系最紧密。

雅安，作为千年茶马古道川藏线的起点，其特殊的地理环境孕育了这里的悠久本土文化。茶作为藏民的生活必需品，旧时全靠人力肩背将一块块茶砖以及一些煮茶的砂器经由川西进藏，远销至尼泊尔、印度。

砂器与藏茶，就如同咖啡与牛奶一般互相需要。砂器胎土疏松多孔，易吸味，所以并不适合高香型的茶叶。而藏茶属于后发酵的黑茶，饮用时也并不需要闻香；砂器厚实，能起到隔热保温的作用。藏茶需要沸水冲泡，用砂器泡藏茶既不烫手又能保温；藏茶不仅能泡，还能煮，煮制的藏茶更为浓郁。砂器同样适用于其他黑茶，如熟普洱、安化黑茶等。

荥经砂器的制作，分为采料、粉碎、搅拌、制坯、晾晒、焙烧、上釉、出炉、入库等多道程序。不同于其他陶器产品，其粗粝的泥料在炭火中烧烤，每一个砂器都能看到泥与火的相互作用。

廖桦说："我第一次近距离观察烧制砂器，看到火苗不停地从窑炉边飘出，听到鼓风机的声音呼呼作响。老师傅凭着几十年的烧窑经验，只需看看火苗的颜色，便知揭窑时间。眼前红光乍现，一大团耀眼的火光之中影影绰绰看得到砂器在高温下略带扭曲的影子。师傅们一鼓作气将红得发烫的砂器挑入还原坑中，快速倒入锯木面儿。这时锯木面儿立刻被高温砂器点燃，浓烟滚滚中砂器的烧制过程完成了。"

正是这一次近距离看烧制砂器，让廖桦为之深深着迷：原来在我生活的城市旁边，还有如此特别的制陶工艺。学工业设计的

① ①土法烧制砂器

② ②刚刚烧制好的砂锅

她当即在心里暗下决心，要把这两千年历史的荥经砂器，加入当代生活美学，重现于我们的日常。

生活中来的荥经砂器，应该回到生活中去

廖桦对荥经砂器有着自己的看法。她认为如果盲目追求艺术品的境界，实际是走偏了；从生活中来的荥经砂器，还是应该回到生活中去。这与日本民艺学者柳宗悦的理念不谋而合："民艺是相当重要的，因为民艺是由多数人生产的，是为了多数人制作的，是被多数人使用的。"她主张以独特的材料、工艺、设计以及手艺人日复一日千锤百炼中付出的情感与时间，唤起人们对荥经砂器的器物之心，让人们感觉到黑砂之美，让人们喜爱并重新使用它。

2014年，廖桦拥有了自己的砂器品牌——桦陶陶，开始利用砂器特别的烧制方式，开发适合现代生活美学的器物。其中一个系列是采用氧化烧制而成的红砂器。红砂器更能表现出炭火的痕迹，可以制成现代人经常使用的马克杯。砂器多孔的材质，不仅能分解出水垢，还能起到软化水质的作用，使得水质入口柔和，且能吸热吸味，平衡水温，防止烫嘴烫手。

另一个系列是采用了砂器最传统的还原呛釉烧制工艺，烧制出的砂器黝黑，散发出银色光芒。黑砂花器就是采用了这种工艺。高矮两种尺寸的花器与原木塞组合，在插花时，颇有沉静优雅的味道；单独静置时，则是独具美感的家居饰品。

"每当看到自己设计制作的产品，出现在不同的家居环境中，参与使用者的生活，就觉得一切的辛苦都是值得的。生活的环境影响了我，我将本土的文化气息注入产品之中，这些产品又继续影响着使用者。我们仿佛通过砂器，进行着一段段跨越时间、空间的对话。"廖桦说。

爱上，才知茶滋味

◎ 当新会柑爱上云南普洱

茶，不知是小柑果的清新灵动吸引
了古树普洱，还是古树普洱的成熟
稳健使小柑果一见倾心，看似偶然
而得，却仿佛天成早定，它们竟如
此默契合拍，说不清究竟是谁成全
了谁。总之它们就那样轻轻走进了
对方的生命，跨越千里，拥抱融合，
神奇地完成了一场清新甘甜和浓酽
醇厚的结合。

二者是完美『联姻』，无论冬夏，
皆可适当品饮，身心皆宜。

新会人廖英伟说，小青柑是陈
皮普洱茶中的精灵。爱上，才知茶
滋味。

出身不凡，柑普茶的源起

广东省江门市新会区，古称冈州，地处珠江三角洲西南部的银洲湖畔，潭江下游，是中国颇具影响力的旅游名城。新会陈皮是它最响亮的名片。西江洪水、潭江潮水及海水"三水融通"的水土特色，造就了新会土壤与气候的独特性，为当地橘皮生长与陈化过程提供了最佳的条件，使得新会陈皮片片硕大、油性充足并且芳香浓郁。同时，独特的"湿盆地"小气候与"海洋性季风"气候结合，形成显著的干湿、冷热季节变化，为小青柑的生长提供了得天独厚的条件。

作为"中国陈皮之乡"，新会近年来的陈皮产业发展迅速，"一个小柑、一块小陈皮"已发展成区域品牌。

廖英伟，就是近年来加入陈皮柑普茶行业中的一员。

长期以来，柑普茶在新会民间并不很流行——只有两家制作和销售。2007年，小廖和朋友们初次接触柑普茶的制作就被吸引，后来推荐给朋友们试饮，大家都觉得很新奇，对其口味也很喜欢，于是很多朋友就托小廖长期帮他们购买。但那时货源不足，且越

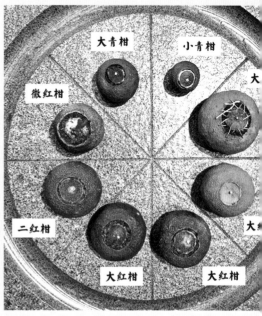

<table>
<tr><td>①</td><td>②</td></tr>
<tr><td>③</td><td>④</td></tr>
</table>

①成熟的小青柑

②填充了普洱茶的柑果

③阳光下自然晒干的柑果

④分级不同的新会柑果

买越贵，小廖逐渐觉得这是个很有市场前景的项目。后来，小廖在一次柑园游玩中，偶遇中央电视台的记者采访。当时作为受访者的小廖对陈皮的认识仅仅是化痰止咳，对其他养生知识都谈不上来。这次采访，让小廖内心有很大的触动。身为新会人，每年自家也会做陈皮，平时只是用来炖汤炖肉，对陈皮其他的功效还真是没有研究过。于是他开始寻找和查看相关书籍，不断加深对新会陈皮知识的了解。没想到探索得越深入，自己就越是喜爱本地陈皮和柑普茶。

谈到柑普茶的源起，小廖说有一个美丽的故事。清朝道光年间，"粤东四大家"之一的新会人罗天池，晚年辞官回乡后带了许多普洱茶回乡。有一天他患感冒，便在书房里喝普洱茶。妻子端上一杯泡过陈皮的热水，他以为是泡茶的开水，便将之倒入茶壶内。如此不经意的融合后，罗天池觉得淡淡的陈年橘子皮味和普洱茶混合的香味直透鼻孔，而且饮之两颊生香。饮了几杯后，他感觉咽喉舒畅，咳痰也少了。就是这段有趣的意外，让柑普茶从此在新会流传，并演变成了一个重要的地域性独特品牌。

坚定不移，品质决定事业

新会小青柑的名声近几年传播得越来越远。这款茶因其冲泡方便，口感好，几乎人见人爱。

出于对家乡特产的了解和喜欢，廖英伟经过认真思考后，最终于 2015 年 11 月辞去了工作，与几位深耕于柑普茶生产加工种植行业的好友一起去圆自己的"陈皮柑普茶"梦。

转行做陈皮行业，这个想法引起了多方质疑，但是小廖没有退缩。他认为，新会陈皮具有悠久的历史和文化价值，是上天赋予新会人的宝贵资源。新会人要把新会陈皮和柑普茶推广给全国各地的朋友们认识，让它成为新会的名片——这是自己的光荣使命。当然，小廖也是非常幸运的，因为他的合作伙伴在柑普茶生产加工方面已有十年的经验，所出品的柑普茶品质在业界早有定位，多年来深受大家的青睐，过去数年间，每年都可以售出 2000 公斤左右，而且在新会柑核心种植区域自有将近 100 亩柑园，其出产的新会柑更是品质极佳，在每年的 11 月中旬至 12 月新会柑成熟季节，吸引了一批又一批的港澳和广东省内的陈皮爱好者慕名前来现场采摘。

柑普茶是用新会柑和云南普洱茶叶为原料制作而成的一种茶。陈皮品质要好，茶叶同样是关键。小廖与合作伙伴凭借多年对茶叶的认知经验，一致将云南勐海县作为品质茶源基地，其他几大茶山因为所处的地理位置、海拔及其气候不同，各茶区茶叶形状、色泽、气味和滋味方面都有区别。经过对各种柑普茶的口味对比，小廖选用了南糯山茶。这款茶的特点是味微苦涩，回甘快，生津多，汤色桔黄透亮，具有花香、兰香和蜜香。茶汤金黄通透，条索较长较紧结；一年的茶汤色金黄明亮，汤质饱满；涩味持续时间比较长，香气不显，山野气韵较好。柑普茶入口甘醇、浓香，有独特的花香味和陈香味。这是新会柑的香味特别，普洱茶长期吸附了柑皮的果香味所致。另外，其药膳特点突出，发挥出新会陈皮"理气"的功效，从一泡到十泡、二十泡，耳目通窍。茶汤如琥珀般凝脂透亮，从鼻息到唇齿到内里，让人们的身心和味觉在云间散步般闲适和享受。不得不说柑普茶让更多的人体会到了陈皮的魅力！

品质决定事业。廖英伟一直相信这句话。

百里挑一，每一颗都不将就

廖英伟说，制茶所使用的新会柑像人一样，有着不同的成长阶段。柑结成的小果子叫胎柑，就好比婴幼儿；长大一点就是小青柑，好比青少年；最终成熟长大的被称为大红柑，好比成年人。

新会柑每年的3月开花，柑胎要经过4月、5月的生长，到7月中旬，是小青柑的加工生产高峰期。这时，廖英伟会和全村的人忙着采摘新会柑。他对小青柑的要求是百里挑一，每一颗都不将就。

采摘下来的新会柑需要清洗，并使用专用工具对小青柑进行

①	②
③	④
⑤	⑥

①清洗小柑果

②开盖

③挖肉

④盖盖子

⑤晾果壳

⑥填茶叶

①　②
③　④
①、②、③、④ 经过足够时间晒干的柑普茶具有甘、香、厚、醇的特点

开盖以及挖空果肉。制作好的小青柑果壳，需要晾干水分，然后进行填茶的作业流程。在填充普洱茶之前，需将小青柑果壳排放好，将茶叶倒在上面，再逐一将每只小青柑果壳填满。待小青柑填充普洱茶后，放进设备用蒸汽进行杀青处理。杀青完后，即可放置室外阳光充足处进行晾晒。全生晒小青柑要晒足 15 ~ 20 天才能充分晒干，半生晒小青柑先晒 5 天左右再放入烘焙设备烘干。这个过程，令新会柑清纯的果香味和云南普洱茶的醇厚能更好的融合，让柑皮与茶叶相互吸收精华。生晒柑普，柑皮的挥发油活性得以保留完好，油囊更为通透，冲泡时营养物质稳定浸出；柑皮低温烘干，大约是 50℃，比阳光的温度高一点，可以提香，可以彻底干透，并尽量保持活性。

小廖说，现实中很难有一款茶，既能够征服专业茶客的味蕾，又能让平时不爱喝茶的人爱上它的滋味。然而"跨界达人"柑普茶却能够做到这一点。拥有这样双全的茶之味，试问谁能不爱？

将陶艺语言融入日常器物

◎ 世间有一种缘分，叫『冥冥中注定』。

他叫李同魁，她叫叶嘉洁。两人相识于从敦煌东去的一列火车上，同是中国美术学院陶艺专业的学生。

他大了她五届，相遇的时候，他已经研究生毕业了；她毕业后，他辞掉了某陶瓷企业的艺术总监工作，共同成立了埴物陶艺工作室。

态度决定一切事业的『立』与『破』。没有端正的态度就无以『立』。李同魁和叶嘉洁的艺术态度很理性。

在他们看来，陶瓷只有与生活产生关系，艺术才有『立』的可能。

精致的活儿没别的，就是急不得

成立于 2015 年的埴物陶艺工作室，主要以手工艺日用器物为主，包括花器和茶器。从开始到现在，这里的每一件陶瓷作品，从泥料、釉药的配制，到拉坯成型，都是由李同魁和叶嘉洁两人共同亲手设计完成的。这让他们在大量的实验性创作中也逐渐形成了自己独特的风格。这风格用李同魁和叶嘉洁的话说，就是"将陶艺家独特艺术语言及手工艺品格融入器物，关注国际语境下陶瓷器物的东方品质，不断寻觅和重建器物背后的中国古典生活方式"。

共同的理想和追求，让埴物陶艺工作室从创业伊始就拥有扎实的基础；共同的手艺和匠心，让埴物陶艺工作室拥有了恒久的生命力。

2017 年元旦前夕，李同魁与叶嘉洁的埴物陶艺工作室换了新颜。新工作室地理位置优越，位于杭州市西湖区与富阳区交界的山下，背靠青山水库，东临中国美术学院象山校区；工作空间开阔，不仅有两百多平方米大小的独立工作室，还外带有一个五六十

①	②
③	④

①鼓花器系列 1

②鼓花器系列 2

③柿釉抹茶碗

④草木灰釉抹茶碗

平方米等待春耕夏播的院子。他们终于有地方做一个自己的小展厅和茶室了。

作为一个陶艺工作室，工作空间里总是有大量的货架、书架以及等待风干的坯和等待寄出的成品。与批量流水线生产的日用碗碟不同的是，他们的手工制造追求的是更具艺术感的器物——细腻的瓷，粗犷的陶。

叶嘉洁与李同魁的作品最大一个特色，就是釉色朴素、含蓄，以哑光为主，很耐看。

"目前我们做茶器比较多。喜欢喝茶的客户也多是生活节奏比较慢、追求精致的人。"叶嘉洁对他们的产品有明确的定位。

为了达到精益求精的目的，叶嘉洁与李同魁两人会对工作室出产的茶器进行试用，看看出水的流畅性以及釉对水质的改善等等，然后根据情况逐一改良。

"好的釉面应该使杯子的水更糯。"

"我们做东西有点慢。如果有人过来下单，我们通常告知要等一两个月的时间。大部分客人都能理解，也愿意静心等。"叶嘉洁与李同魁如是说。

完成一笔订单，受多方面的因素限制。首先，不同于大批量生产，制造手工瓷器会占用制作者大量的时间——从拉坯、晾干到进窑，至少需要五六日的时间；其次，制作者需要对各时期的半成品进行仔细观察，每一个环节都不能耽误。

叶嘉洁笑说："每一个环节都有可能出错，任何环节的出错都会毁了这件作品。有时候真的要静下心来，看看陶土是什么状态，需要好好跟陶土沟通对话。要不然，它就坏给你看。"

有一阵子，两人的作品失败率特别高。对于叶嘉洁和李同魁的工作室来说，时间就是他们最大的成本。

就是想做点不一样的耐看雅物

以陶艺为专业的学生，毕业后从事相关行业的并不多，叶嘉洁是少数热爱并且坚持走这条路的人之一；能去读陶艺硕士学位的更是不多，李同魁读研时只有四个同学。

想做点不一样的耐看雅物，是叶嘉洁和李同魁的共同理想。我问叶嘉洁当初为什么会答应李同魁的追求。她笑了笑，说："他的炒蛤蜊做得好吃是一个原因；两人志趣相投、心性相符是另一个更重要的原因。"

当有些远在北京等地的资深茶客，获知杭州有这样一个具备

①②
③④

①抹茶道器物

②抹茶碗

③粉引茶入

④粉引茶仓

格调与技艺的陶艺工作室的时候，他们先是震惊，继而会辗转千里来到埴物陶艺工作室，只为寻求一个合眼缘的茶瓷器物。

创新，是他们创作的一个追求

菩提釉是李同魁夫妇在多次配釉过程中偶然发现的技法，目前在申请专利中——这是一种以素净的白色哑光胎体为底，以暗红色斑驳的花纹为主的陶瓷样式。

之所以取名菩提釉，是因为他们觉得这种釉烧出来的图案层次很自然，很像星月菩提的花纹。

①｜②
③

①黑釉海棠口盘

②黑釉花口盘

③菩提釉瓜棱瓶

李同魁说："每一个菩提釉在出窑之前，人们都不知道它最后会出来什么样的效果，所以就不会有两个完全一模一样的成品。"

此外，李同魁还将他做陶塑作品过程中发现的一些技法，应用到瓷器的创作中。这样的创作总让人惊喜无限，比如用化妆土技法烧制两到三次制出的岩肌黑釉壶。

在工作室成品的风格把握上，两个人会"经常有矛盾"。叶嘉洁说这时候通常是谁也不让谁，吃不准的时候就全都先做出来，看谁的作品最终被市场认可。

"我们还是以创作简约的，能和现代生活相协调的瓷器为主。"叶嘉洁如是说。

内心里装着原野，
朽木也会焕发新生

◎ 驱车从江西省景德镇出发，沿湘湖公路缓行，穿过凹凸不平的山路，一路上溪水潺潺，蛙声与虫鸣此起彼伏，一派原野风光。继续前行，忽见一座桥出现眼前，河两旁有一两位槌打衣服的妇人，让人仿佛一下子进入了宫崎骏的电影世界。

对于久居城市的人来说，这种秀润淡雅的美感和惬意，已然是内心深处的世外桃源。

竹林深处"荒无舍"

朋友眼里的神仙眷侣——曲立军与他的爱人大樱桃，便住在景德镇这个名叫"山脚下"的小山村里。

他们的木作坊——"荒无舍"也在那里。一座两层的房子搭一个宽阔的院子，一楼用于生活、会友以及作品展示，二楼是木工坊。天气好的时候，他们会把木头拿到院子里来凿。

房子陈设朴素而简单，没有刻意的粉饰，就像两个人的生活，很随性。生活用的器皿也是自己用木头凿的或者做瓷器的朋友送过来的，每件器物似乎都有属于自己的故事。

平日大樱桃在院子里晾晒着自己亲手染的布，曲立军则在楼上凿着木头，回声从竹林深处传来。一切是那么和谐美好。

他俩的生活自由而平淡。空闲时他们和朋友去山里露营野炊，偶尔村里晚上停电，他们就在院子里生火做饭。

这个村庄人不多。年轻的本地人大多出去上班，整个村庄白天只听得见鸟鸣。

之所以把工作室取名"荒无舍"，曲立军的解释是："心荒芜者，易流于形式；劳动者，能听见远处的回声。"因此他也称自己是"荒无舍的樵夫"，爱人大樱桃则取名为"荒野"。

与木作邂逅，宛若新生

曲立军和大樱桃都是东北人，之所以选择留在景德镇，就像他们与木作的邂逅，是一种缘份，有点水到渠成的意味。

2014年，曲立军和大樱桃从北京一家文创公司辞职，只带了一把吉他与一只口琴游历到了云南。在云南大理双廊停留一年后，又辗转来到景德镇。本来没有打算多作停留，但逛过乐天创意市集以后，他们被这里鲜活的创作氛围打动了。

"内心有种东西似乎受到了这个城市的启发，一种新的生活方式等待自己去发现。"曲立军说。就这样，2016年，流浪了许久的曲立军在景德镇创立了他的"荒无舍"木作坊。

从未学习过木工的曲立军，为何选择制作木器呢？

"选择做木器，和小时候的记忆有关。"曲立军说。

"记忆中，父亲有一个专用的木工箱，家中大大小小的家具，都是父亲亲手制作的。"

儿时的曲立军特别喜欢空气中木板被刨子刨平后的那股刨花香味儿，更喜欢抚摸父亲用双手打磨过的木头。"每次闻到这个味道、摸到了被打磨过的顺滑木头，感觉自己仿佛焕发了生机。"曲立军说。因此，当人生中第一个碟子凿出来以后，用他自己的话说就是"感觉一下子对了"。

生于东北那片黑土地，曲立军伴随着庄稼和田野长大。幼时，务农的父母日出而作、日落而息，他便在田野阴凉处玩耍睡觉，不哭不闹。醒来时，耳边是田野吹来的风，眼前是辽阔的大地。应该说，从小曲立军就与土地和自然之间建立了一种亲密而和谐的关系。同时，他也被父辈们扎根土地、挥洒汗水的那股热情深

①②③④朴拙的器物，充满相爱的秩序之美

深感染着。

　　与大多数的年轻人一样，曲立军在考入大学以后，便远离家乡来到城市，很少有机会回到从小生长的辽阔大地。生活在拥挤的城市里，看不到一望无际的农田、绿油油的山野，当然也看不到清风与流云，取而代之的是城市的楼宇与灰尘。

　　大学期间，曲立军蒙昧的自我意识经历了探头、瓦解又重建的过程。他一再重读《平凡的世界》，开始思考人与家乡、人与土地的关系。人一旦离开了家乡，究竟应该去往何方？存在的价值又在哪里？为了给自己一个满意的答案，他做了一个决定：退学。

①│③
②│④

①刨花薄薄地卷起来，如含苞待放的花蕾

②木作工具

③、④简单的器物，像简单的日子

离开了学校，曲立军带上一把吉他，开始在全国各地游走，在不同的工作岗位挥洒汗水，找寻那种与生俱来的"扎根于土地"的感觉。某天在梦中，他重新感受到幼时午后风吹耳畔的滋味。醒来的他，在山东工厂的海边吹着口琴，眼眶湿润。

曲立军知道他找到了那股熟悉的踏实感，也找到了那个答案：春种夏长，秋收冬藏，是万物的规律，人应该顺应大自然而生活。自然告诉我们的道理简单而真诚。如果能够燃烧自己，尽情地做好一件事情，那么尽管渺小，生活的价值与趣味也尽在其间。

"既然已经找到了让自己安心、扎根于土地的感觉，对于以后的生活，也

跟着节气过日子　　春

不想多做打算。"曲立军说。

内心里装着原野，朽木也会焕发新生

"现在的日子，虽然平淡却十分充实。"曲立军这样描述着他的生活，"每天去山里捡捡木头。山中岁月长，一草一木都能让自己安静下来。回到工作室，慢慢地做一些美好的生活器皿。不工作时，与大樱桃两人坐在草地上吹吹风。下雨的日子劈柴，围着灶火唱歌。"

"人与生活之间，本不需要刻意的相互改变。就让它荒芜着，自由地生长吧。"曲立军这种无为的生活哲学，也影响了他的个人创作。他总是随性地制作着，从不画图纸，也做不出一模一样的两个东西。他对木头的材质并没有刻板的追求，更多的灵感来自每次创作时与材料的互动。

他并不是要刻意回避规则的东西，只是在创作的过程中，面对着大地、田野以及手上的木料时，脑海中总能浮现出一些出现在生命中的人和事，手上的物件自然而然地沾染上它们的气息，也因此有了灵魂。

曲立军用诗意的文字，写着他的创作理念。

"内心里装着原野，朽木也会焕发新生。我认为器皿始终是用来服务生活的。一个器皿出来，也许会有人为之惊叹，而我首先会想象它在日常中存在的模样。"

"在我心里，它们被使用着才是最美的样子。"

除了在网上卖自己做的木器以外，曲立军还会参加景德镇每周一次的乐天创意市集。这一天全国各地的人都会来这里选择他们喜欢的手工艺品。这也是结交外地朋友和互相学习的好机会，喜欢他作品的人会一次买很多他的东西。

其实对于曲立军这样的手工艺者来说，每次投放市场的过程，

　　就是检验自己作品的一个过程。他们可以知道自己创作的哪些东西受欢迎，哪些还需要改进。通过市场的反馈，再对自己的东西进行总结和改进，这种改进是在坚持自己大的原则上进行的。

　　对于曲立军而言，他最坚持的是手工的质感。

　　"我一直坚信，有些事物是有灵气的。这也是我做手工挑原料时最在意的一点。你与它有缘，它就可以在你手里妙笔生花，变成美好的事物，随着时间的推移，物品也会沾染人的气息和品格。这是流水线上大批量生产出来的东西永远做不到的。木头的每一次打磨、抛光、加工、成型，都是梦想开花的过程。看着手上的茧一点点变厚，心里也会油然而生一种充实感。"曲立军这样说道。

　　他观察每一块木头天然特有的质感和纹理，想象它在人们日常生活中的样子，然后动手去做。尽管有些木头形状很扭曲，甚至有些还有虫洞，不过都没有关系——正是因为有了这些天然的特质，每一件木器才那么与众不同。有些木头可以成为勺子，有些可以成为茶盘，还有些则可以成为分茶器，有些什么都不做放那里也挺好。

　　木头是这样，其实人又何尝不是！每个人都有自己特有的"纹理"和"质感"，不用刻意回避。曲立军和大樱桃在凿木头，其实也在凿他们自己，按照"纹理"和"质感"，把自己塑造成心目中的理想模样。

天街小雨润如酥，
草色遥看近却无。
最是一年春好处，
绝胜烟柳满皇都。
——《初春小雨》
（唐代 韩愈）

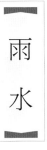

雨水

　　雨水，是二十四节气中的第二个节气。每年的正月十五前后，太阳黄经 330° 时，是二十四节气的雨水。

　　《月令七十二候集解》："正月中，天一生水。春始属木，然生木者必水也，故立春后继之雨水。且东风既解冻，则散而为雨矣。"意思是说，雨水节气前后，万物开始萌动，春天就要到了。《逸周书》中就有雨水节后"鸿雁来""草木萌动"等物候记载。

　　此时此刻，天地间一切美好的事物都在蠢蠢欲动。几声春雷叩响大地后，无数的春笋拔地而起，它们在春雨中淋浴，在春风中微笑。

小方家的笋，
大自然最好的馈赠

◎ 笋，竹之嫩芽是也。味甜淡而清鲜，气美醇而蕴藉，清脆鲜嫩，莫过于此物，自古素有『寒土山珍』的美誉。《诗经》中有『加豆之实，笋菹鱼醢』、『其籁伊何，惟笋及蒲』等诗句。这表明人们食用竹笋的历史至少可以追溯到两千五百年前。

爱笋之情古已有之，杜甫曾在《咏春笋》一诗中写道：『无数春笋满林生，柴门密掩断行人。会须上番看成竹，客至从嗔不出迎。』

细雨霏霏，草长莺飞，江西省黎川县德胜关的山间新笋萌出，拔节有声。

青山绿水孕佳笋

　　黎川县是江西省抚州市的下辖县,地处江西省中部偏东位置,武夷山脉中段西麓。这里是全球生物多样性保护的关键地区,分布着世界同纬度带现存最完整、最典型、面积最大的中亚热带原生性森林生态系统,属于典型的丹霞地貌。这里山麓峰巅、岩隙崟嶂都生长着翠绿的植物,造就了"石头上长树"的奇景,也构成了这里罕见的自然山水景观。

　　德胜关是该县的一个行政村,在明朝就有了建置,始名"关上村"。明末袁氏民众由福建迁入,因对朝廷不满奋起反抗,朝廷派兵镇压袁氏起义得胜,改名"得胜关",后谐音"德胜关",沿用至今。这里由于自然环境好,没有工业污染、空气清新,非常适合竹笋生长。每年的鲜笋和笋干产量都很大。冬笋一般从11月底开始收获,而春笋则是从清明节开始收获。在这里,春天绝不只是山花烂漫,更让人神往的是春雨过后竹林泥土下蠢蠢欲动的勃勃生机。每一场春雨过后,山林草木都会示人以新姿。春雨是大自然最丰厚的养料。它让整个山林的勃勃生机孕育成破土而出的春笋。它牵动着山里人的心，也时刻牵动着方罡的心。

方罡是从德胜关走出去的一位大学生，2004年大学毕业后，一直留在南昌工作。人虽然留在大城市，但他仍然关心着故乡的一草一木，尤其是故乡的竹笋产业——毕竟这是养大他的奶水，也是祖祖辈辈赖以为生的产业。

返乡挖笋，成就电商创业

2013年的春天，由于气候原因竹笋长势太快，方罡家中承包的150亩竹林产量大增，导致家里挖笋的人手不够用。方罡的父母情急之下叫他回家帮忙干几天。

"我满怀着小兴奋回家，趁着挖笋的休息空档，把自己和父母在山上挖笋的照片发到了网上，很快就引来大家对新鲜竹笋的兴趣。许多朋友希望能买到刚挖出来的竹笋。于是我趁热打铁，帮家里把当年的鲜笋都卖出去了。"有了这次的经验，方罡开始在网上关注农业方面的热点人物，并向已经开始做农业电商的朋友学习这方面的知识。

方罡做了一个决定，他把南昌的电脑公司委托给朋友经营，自己则回到家乡全身心地进行电商创业。

虽说做法潇洒，但是方罡的父母对他回家挖笋卖笋非常不理解。

"特别是我的父亲为此很恼火。他总觉得儿子既然已经走出了大山，就不应该再回来。回家代表在外面的日子混得不好，会让人看笑话。"方罡说。

因此那段时间，他们父子之间，总是充满了火药味。

"但是，作为家中唯一的儿子，我看着父亲白发越来越多，母亲担那么重的笋下山，腰背都有些变形……无论从哪个角度看，我都觉得自己的决定没有错。"方罡说。

① ② ③ ①、②、③挖笋是个技术活

　　天然的就是最好的——这是方罡的创业理念。2013 年的下半年，依照传统惯例，方罡和他的父母选了个难得的好天气，把笋仓里的笋运下山来，摆好竹垫子晒竹笋干。得益于黎川县湿润的气候，笋仓里经过半年以上时间发酵的笋只需在大晴天下晒七天左右，天然笋干就制作好了。

　　同许多不法商人采用化学药剂来处理的笋干相比，这样的笋干费时也费工，但是真材实料口感好，这是许多人看了方罡发在网上晒笋干的照片后纷纷下单买笋干的主要原因。

　　"随着客户的口碑相传，在短短几个月时间里，我家的一千多斤笋干就销售一空了，也算是首战告捷！因此，父亲的愁容也舒展了不少。"这让方罡和父亲的紧张关系无形中也缓和了许多。

春雷唤醒了泥土下的生命

方罡家种的是毛竹笋。这类竹笋的特点是笋体肥大、洁白如玉、肉质鲜嫩、美味爽口，富含更多纤维素，是名副其实的"山中珍品"。

北方的三四月份，正是乍暖还寒的时节。而在德胜关的竹林里，春雷已唤醒了泥土下的生命。方罡和这里的山民能敏锐地察觉到大自然发出的信号，开始背起锄头走进竹林。

挖笋是个技术活，对大部分人而言，更是个运气活。有时看到笋已经冒头，看起来粗壮无比，挖下去却只是拳头大的一个；有些笋尚未出土，只是微微把泥土顶出了一小块儿，挖下去却有小臂那么长。这可难不倒经验丰富的山民。他们熟知竹子的脉络，有时只需看看竹叶，就知道笋长在哪儿。找到笋，挖出完整的笋也需要技术含量：先是估计笋的粗细，用锄头在其周围挖出一圈，至笋根露出，举起锄头对准根部一挥，正好锄进根部土里，锄柄往前用力一推，笋就离地而起了，且不伤笋壳一丝一毫。

"清明一尺，谷雨一丈。"在清明和谷雨这两个生长旺期，春笋正以惊人的速度生长着，只需要一个多月，就可以完成从破土到成竹的华丽蜕变——据说它是世界上生长速度最快的植物。方罡说："淋了春雨的笋长得飞快，人们似乎能清晰地听到整座山都是'咔嚓咔嚓'生命拔节的声音。一两百亩的山，半个月左右就必须挖个遍。顶雨挖笋，锄头要挖进湿泥里几十公分，重得常人根本提不起来。挖笋的季节，笋农们的吃住都在山中。从事农业真的非常辛苦。"

德胜关的竹林平均海拔 500-1000 米，山势陡峭，笋的长向

①②
③④
⑤⑥
⑦⑧

①、②、③、④、⑤、⑥、⑦、⑧挖来的笋要趁新鲜加工制作成可保存的笋干

和深浅不固定，因此从第一个环节——挖笋开始，从头到尾都无法机械化操作，只能依靠人力。

传统工艺，保存至鲜至美之物

青山不老，笋味长存。李渔在《闲情偶记》里称春笋是"至鲜至美之物"，挖来的笋要趁新鲜加工制作成可保存的笋干。

"我们用锄头挖出嫩嫩的春笋，剥去笋壳，用竹篓挑至山中笋仓，放入大铁锅内用山泉水煮熟，起锅后放入池中用山泉水冲漂，夜晚加班赶工把池中的笋子用长竹签从头到尾翻一遍，然后放进笋仓中码平，盖上木板，放上大块枕木，最后架上大梁，把钢丝绳缠绕在轳辘上拉紧进行压榨。"方罡说。

在密闭的笋仓中，笋子经过半年以上时间的压榨和发酵，已经变得非常紧实醇香，薄薄的笋片和微微的酸味儿正是它特有的气质。

自然长出的高山野生毛竹，海拔高，黄泥土质好。剥好的笋

经煮熟、压榨、晒干，不用盐，便可成为鲜香嫩脆的舌尖美味。

　　"为了保证笋干是纯天然的，山民们遵循自然的规律，耐心等待，待到白露节气之后才开仓晒笋干。这样，不用熏硫磺和使用添加剂，也能保证笋干长时间不变质。"方罡说。

山里酿酒，酿的是唐僧也能喝的那种

◎在朴素的生活轨迹中，追求生活的真谛；在平淡的生活中守住寂寞，以内心的坚定，向着心中信念的方向追逐。

艺术家徽子来到徽州，是因为心中的梦想。他常说，没有梦想的灵魂是空虚的、干瘪的。因为有梦，就找到了出发点。沿着梦想的指引，飞向沉醉的故乡，徽子似乎已经抵达理想生活的彼岸。

青山绿水遇素酒

因为厌倦了都市的喧嚣，艺术家徽子卖掉了城里的房子，在黄山开始了隐居生活。

遍历徽州的山水和人文，徽州的美深深地印在徽子的心里。他爱上了徽州，并用绘画作品记录着这里点点滴滴的美。

一次偶然的机会，徽子拜访山里的修行人，了解到素酒的酿造之法，立即感到这素酒与自己有不解之缘，便萌生了酿酒的想法。艺术家的情怀和与生俱来的酒神气质在徽州这片青山绿水相遇，再一次点燃了徽子的激情。

徽子为此兴奋不已。他在黄山儒村租房舍，购置酿酒的酒缸，学习酿酒工艺，开始了酿酒的生活。从那时起，他就下定决心，一定要酿出一款能够代表徽州特色的好酒。就这样，酿酒、画画成了徽子每天的必做功课。

徽子选择在徽州乡间酿酒，首先是出于对这里的水源、自然气候和原材料各方面条件的考虑。素酒沿袭古法酿制，对天气、环境的要求非常高，必须是使用没有任何污染的水源和谷物，遵

　　循古人二十四节气的生活规律，在合适的日子，采用最原始的酒缸自然发酵而成，不做过多的人工干预。这样酿出来的酒，才有纯天然的味道，喝起来不呛、不辣，口感更是温润细腻，春夏秋冬都适宜饮用。

　　因时节不同，酒的发酵阶段不同，素酒的口味也相应会有变化：春天的素酒如桃花拂面；夏季可以冰着当饮料喝；秋天的素酒像菊花一样高洁；冬季的素酒又可以温暖身心。经常喝一点这种富含天然酵素的饮品，既补充人体营养所需，又让人有不同的味觉体验，可谓一举两得。

素酒就像是一位老者

作为艺术家兼酿酒师的徽子，喜欢一切都顺其自然。刚开始酿出的酒只是在朋友圈中小范围品饮。徽子一边带着喜悦的心情分享收获的成果，一边要朋友们提出宝贵的意见来。品尝过的朋友纷纷夸赞，朋友中的文人雅士也纷纷寻货购买，争相推崇起来。与君子对饮，自然会喝出很多风雅的味道。尽兴处还会吟唱明代才子唐寅《桃花庵》中的诗句："桃花坞里桃花庵，桃花庵下桃花仙。桃花仙人种桃树，又摘桃花换酒钱……"

早年的艺术生涯令徽子难忘。那是生命里的一段旅途，自己用尽半生的学习从事艺术创作，以绘画来表达内心对生活、对美的热爱。

开始酿酒之后，他对艺术和生活的理解产生了微妙的变化：用艺术的眼光来酿酒，成为必不可少的态度。这让徽子在酿酒的过程中，逐渐变成了一名生活的艺术家。他发现世界变得更宽广、更纯粹了，审美的情趣也更加接地气了。

徽子说："素酒就像是一位老者，安静地用清澈的眼睛望着自己，给当下生活带来一种内心上的安定。每日该画画的时候就画画，该酿酒就酿酒——这就是对待当下生活的完美方式吧。"

眼前的风景都成了画，逝去的时光变成了酒。

酿酒是时间的艺术，其实也是一种修行

说起素酒，其实是我国古代酒浆的一种。《说文》解："浆，酢浆也。""酢浆"是熟淀粉的稀薄悬浊液，经过适当的发酵变化，产生了一些乳酸，有酸味也有香气，古代用来作为清凉饮料。

徽子沿袭古法酿制的素酒，是僧人都可以饮用的酒。

《西游记》中也多次提到，喝了素酒不至于误事，所以唐明皇送别唐僧西行时也说："素酒一杯，但饮无妨。"

徽子在地下室的酒窖也没有现代工业化的流水线，除了必要的照明节能灯，剩下的都是排列整齐的酒缸。酿酒的季节，酒的香味会从酒窖里飘出来，弥漫在整个院落里。从清晨到黄昏，这里沉浸在迷人的微醺之中。

绘画和酿酒在徽子的世界里是相通的："它们都是艺术。"绘画是视觉记忆，酿酒则是嗅觉和味觉记忆。他在徽州画画和酿酒，希望通过不同的方式传递美的事物。徽子把酿酒比作液体雕塑。酿酒的过程是立体而动态的：将糯米经过浸泡和蒸煮后摊开放凉，把曲菌均匀地撒在米上揉成团晒干，之后将酒曲米、常规蒸米、水和酵母混合制成酵母种子，随后四天中分三次将更多的酒曲米、蒸米和水加入之前的酵母种子中，之后至少发酵四十天。每一个细节都很讲究，不能马虎。

素酒在酿酒师徽子眼中不是一件商品。它是艺术家的日常，是艺术家酿酒师的生活状态，是徽子在徽州的生活意象，像一幅赏心悦目的图画，又像清澈流淌的心绪。素酒是徽州的精华，是徽州那片大美山水，以液体雕塑的方式简洁又立体的呈现，让人回味绵长。

酿酒是时间的艺术，其实也是一种修行，需要花时间、用心去体会和践行的事儿。徽子拜访了山里禅宗寺院的修行师傅，心中又多了感悟，于是请来一幅字——"素酒洗心"挂在酒坊里，时时提醒自己对生活保持敬畏之心。

素酒像是一面镜子，清澈地照进本心

每年冬至，徽子就会结束艺术创作和交流，像候鸟一样，回

到徽州儒村的酒窖里开始酿酒。他称自己每年有九个月画画，三个月酿酒；酿出的酒又可以让自己充分感受一年生活的美好——酒里的滋味，就像是生活的味道。

徽子每回下到酒窖，都喜欢聆听酒窖的米酒发出"滋滋"的声响。他说那是酒语，是大自然的语言，听见酒语仿佛听见了自己内心的声音。

内省，自悟，素酒像是一面镜子，清澈地照进本心，悟得禅的意境。平和的心态，也让人无忧、简单、快乐地生活在当下。

就这样，时间在酒香四溢的酒坊里悄悄流逝，却没有一点虚度。寂寞的坚守终于换来越来越多人的认可，徽子内心的坚定让古老的素酒酿制法获得了传承，自己也从中收获了生活的真谛，找到了精神的家园。

乡村生活平静、放松、不功利、不光鲜。徽庐酒坊，一直都在徽州的小村落里安静地述说自己的故事。酒窖里每年都定时地散发出素酒的香味。那名会画画的酿酒师徽子，不过是它的代言人罢了。

一针一线，
绣出开满小花的山坡

◎ 一针一线，绣。
一点一笔，画。

浸润以时间，回归质朴恬静的心意。

吴小琪和王然，是居住在成都的两位平凡女子。她们喜欢手工和刺绣，喜欢画画和设计，喜欢用相机记录生活中的点滴，喜欢世间不经意的美。

她们说：『年少时，追逐新奇事物，日新月异，不断地拥有，也不断地抛弃。随着年龄增长，开始喜欢一些时光里的老旧物品，惊喜于其中的手工绣物，随主人用过多年依然可以精美。』

田野里开满小花的山坡，有质朴自然之美

王然一直珍藏着奶奶年轻时绣的床幔和围裙。她很喜欢刺绣的东西，曾经独自去贵州黔东南，就为去每个苗寨、侗寨赶集，去观察、欣赏、记录收集那些老旧的手作蜡染刺绣。她说，希望经过自己的手做出的东西也能这样，经得起岁月的考验。

2016 年秋天，王然和吴小琪一起去京都旅行时，因为大雨躲进蔦屋书店，偶然了解到日本传统轻津小巾绣：简单的绣法，简单的颜色，简单的图案，却给人以质朴的美。回来后查看相关资料，又了解到中国传统苗族的数纱绣和侗族的锦织，都有异曲同工之妙。

其实人类的艺术总是相通的，简单也可以是长久的美。这些都赋予她们灵感，"朴花山山手工坊"应运而生。她们希望作品像田野里开满小花的山坡，有质朴自然之美，有坚实的生命力。

吴小琪和王然说，她们的作品不是艺术品 。她们只是想以传统的工艺手法，做出现代生活的日用品。每一个小物件，不只是看上去美，而是要给拥有它的人长久保存的心意。

①、②、③、④一针一线尽显质朴自然之美

　　所以，为了一件入眼的作品，她们总是有些"固执"地坚持要做就做最好的原则。

　　国内的市场很难找到合适的绣布，她们就去纺织厂订制了小批量的手感厚糯的纯棉帆布。在制作之前，定制的纯棉绣布会先完成缩水预洗，以保证在以后使用中不会缩水变形。刺绣的线，也试用过很多种，最后选定混纺羊毛纱线，手感温实而有光泽，也确保以后的洗涤不会缩水褪色。

生活的本身，是她们的灵感

从无到有，一个个绣片完成，一件件作品诞生。时光，也随着她们手中的针线穿梭流逝。

季节变化，生活本身，都是她们的灵感。

那日，院子里的迎春花开了，绿色的叶子簇拥着黄色的小花，王然闲笔涂抹，小琪却说，她想绣出来。几日后小琪果然尝试绣出了她喜欢的迎春花，并做在眼镜包上。她们给这包取名为"绿花间"，春意满满。

后来一个客户喜欢上这个图案，特意找她们订制了一个小挎包，也煞是好看。

不只是把作品绣在棉布上，小琪和王然也会找一些特殊的面料来创作。有一次她俩相邀去布料市场。作为蕾丝控的王然，摸到一块出口法国的蕾丝布料，就不想放手了。布料特别之处是，一层纯棉蕾丝织在另外一层棉布上，手感挺括精致。王然对小琪说："用这个做包吧！一定美过在日本买的蕾丝收纳包。"小琪默默地看着蕾丝布料，淡定地说，可以买几米。几日后，王然看到小琪绣样时，心里惊叹：小琪绣上去的花朵立体饱满，真是栩栩如生！

春雨来临的一日，去户外拍照的计划临时取消。王然拿起小琪绣好的绣片闲时摆弄着，突然她对小琪说："咦！这个样子的小方包，好不好看？"小琪说："别动别动！我量个尺寸拍下来。"

这时小琪问王然："扣子用什么好呢？"王然说："容我想想。"几日后，王然想起以前见过奶奶的一个首饰包上缝制了一颗翡翠，突来灵感，找出相似的玉莲蓬，放在绣好的小包上说："正好。"小琪说："古朴的小包，配上玉莲蓬，有了灵动感。"

实实在在的一针一线中加深了这份热爱

找到自己的喜爱，只有内心的平静

　　夏天到了。一天，小琪对王然说："要不要做一个小挎包？"
身着布裙的王然说："好啊！我也正想有一个呢！"于是，她们
开始讨论制作方案，各个环节彼此肯定又彼此否定。在这个过程
中，小琪学会了自己做毛球流苏，王然学会了怎样处理植鞣皮。
半个月的时间，"朴花山山"第一个小挎包亮丽呈现。小挎包图
案的灵感，来自一个侗族锦织图，所以小挎包有几分"民族风"，
但又不失现代简约美感。她们各自背着自己制作的小挎包，在各
自的生活里得到了很多人的夸赞。对此，她们只是微微一笑。

　　作为口金包爱好者，执着的小琪，多次试验，终于完成了自
己的作品。沉静的黑色图案，配着口金，更多了几分精致高冷。
王然问："全是黑色吗？"小琪沉默片刻说："那就加一抹秋天
的金色。"

　　小琪说："天冷大家都喜欢摸着绒绒的东西，因为摸着就暖
和。"而作为"兔子迷"和口金包爱好者的小琪，做出来的就是

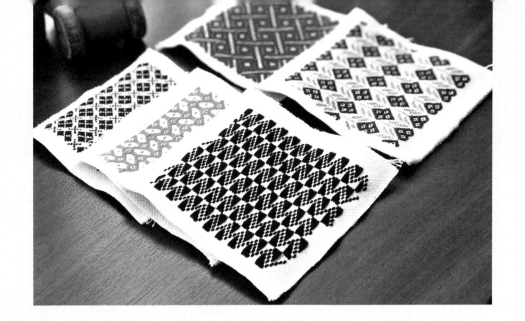

绣上兔子的羊毛尼料口金包。这种可爱小清新的风格，如同她本人的性格。

冬天，总是积累的季节，等待春天的到来。

从春天到冬天，在一个个手作设计过程中，她们发现了图案的借鉴和积累的重要性。于是，小琪开始了100个"山山图样"计划，把书籍上学到的，网络上查到的，还有生活中无意看到的图案，记录下来并刺绣成图，期望可以收集整理刺绣图样满百图，在实实在在的一针一线中，加深这份热爱。

"100个山山图样"也以刺绣直观的图样，满足顾客订制的选择。

季节轮回，春天又到来了，小琪和王然继续着她们的针线生活。

她们在纷乱的世界，找到自己的喜爱，专注于自己的小事；拿起纸笔，拿起针线，忘记外面世界的烦躁，只有内心的平静。

小琪和王然说，她们喜欢这样状态的自己。

旧时花生酥糖，
每一口都尊重食物的
本味

◎ 我们相信，再美味的食物，如果违背了天然健康的原则，仍不能称为好食物。所以，要找到集健康美味与平价于一身的食物，大概比聚齐世界三大男高音都难！样子差不多，但真正诚实制作的好食物和迎合市场的一时之需而生产的食品有本质的不同。只能说，它只是样子好像而已，而你吃了就懂了。

旧时花生酥糖，满载着诚实的手艺，只为帮你找到记忆中的食物本味。

守着的是古老手艺

在北方，北风一吹，冬天就算真正来了。冬日最美的时光，就是坐在午后的阳光下慢悠悠地喝一壶粗茶，并不隆重，也自得其乐。这时最配一壶茶的非一碟醇厚香甜的花生酥糖莫属。夏日热，糖易化，所以正经的花生酥每年只能在11月以后北方天渐凉后才开始做，一直做到来年4月。当大家都在准备迎接新年的时候，高师傅则在忙碌着为大家准备花生酥糖。

高师傅的花生酥糖来自河北唐山一间世袭四代的老式家庭作坊。他给它取名"小农守艺"，守着的是自己诚实的手艺。

据记载，河北唐山的花生酥糖制作技艺已有上百年的历史。早年这里是盛产花生之地。民国年间，常各庄的艾氏采用白砂糖和花生米为主料制成现在的花生酥糖，克服了之前传统小吃丝窝糖温度稍高即融化、吃起来粘牙及甜香味道不够纯正的不足。改良后的花生酥糖喷香酥松，别具风味，很快传遍四面八方，成为畅销一时的地方特产。如今，唐山只剩下几家老作坊还在坚持生产花生酥糖，高师傅和他的"小农守艺"就是其中的一家。像很

传统花生酥的制作手艺繁多而复杂

多传统老食品一样，花生酥糖面临着失传的命运。

　　大多数唐山人不愿接受花生酥糖的手艺：一是因为生产成本高；二是因为不能批量生产，效益低。而花生酥的制作手艺可谓复杂：一般要经过"浸泡－漂洗－去皮－焙炒－筛选－磨料－温料－熬糖－拔糖－折层－打条－切酥－抻酥－冷却－包装"等十几道工序。其中，做花生酥糖有很多技术上的关键环节，比如糖与花生末的配比问题：糖不够，花生末难以凝结，花生也容易散架；而糖过多则甜腻，也不易起酥。

秘诀是从不偷工减料

　　高师傅家的酥糖做得好吃，秘诀是他从不偷工减料。从花生的制作开始，都是沿袭老式的传统制作方法——用大沙粒炒制，这样炒出来的花生更加酥脆，不油腻。从花生到花生末，从花生末到花生酥，从麦芽糖的固体到液体，再从液体到固体，制作技术就在高师傅的手掌之中。花生酱和麦芽糖融合好之后，紧接着就开始压。用简单的一把刀、一柄尺，高师傅凭着天生的直觉，几下就能笔直飞快地制作完成一方酥糖。虽然谈笑风生，却是踏

实用心地在制作。

　　走进"小农守艺"，发现它并不神秘——简单的设备一目了然，但是空气中弥漫着温馨的童年味道。我想这味道并不仅来自酥糖浓浓的花生香，也来自这用最纯粹的手艺做着酥糖的一家人，让人心生一种家的踏实感觉。

　　用花生所做的花生酥味道果真不同：它酥香浓郁，甜而不腻，绵延的香气飘进口鼻，咬第一口的时候似乎可以听到酥糖在嘴里崩裂的声音，然后味蕾之上尽是花生的醇厚风味，令人回味无穷。

　　善良诚实的手艺人做出的食品，一般都好吃得不得了。高师傅不是食品专家，但他尊重食物的本味。他相信世界上最美味的食物是人生产的，而非机器生产的。他和他的"小农守艺"的理想是，重拾食物的美好。

听着山风，枕着泉水，
过一种自在轻生活

◎ 阡陌交通，水流潺潺，清风拂面，带来清新凉意；鸡犬相闻，生活慢慢，煮茶泼墨，铺展惬意笑颜。这是都市人的梦想。

原生态与自由奔放，便是都市人第一次看到『懒猪窝』民宿时脑海中留下的印象。

民宿不大，一栋山间的小屋，外墙涂抹着艳丽的壁画，房间也是奔放的色调，推开窗便是风光。站在屋外开阔的露台眺望，不远处的银杏黄了又落；闭上眼，安静得好似能听见风吹来的声音。

在山间静静待清风徐来

　　"懒猪窝"民宿位于浙江丽水庆元县贤良镇的贤良村。村子掩藏在浙西南山区层层叠叠的山峦之中，清晨被群山间的雾气缠绕，鸡鸣与犬吠此起彼伏催人醒；溪水自山沟缓缓流淌而出，在屋外潺潺流过；而后，村中的廊桥开始喧闹起来，在家长里短的聊天声里，新的一天安然到来。

　　"因为庆元是我的家乡，所以我就想着回到家乡创业。"在被问及回庆元开民宿的初衷时，民宿主人林海这样回答。这个出生于1989年的小伙子说，"林海茫茫，山泉清冽"是贤良的真实写照，也是他名字的出处。"过去我家就住在半透风的土楼里。它类似阁楼，有时晚上还会漏风进雨。但即便是这样，每一个有潺潺水声陪伴、清风徐来入梦的夜晚都是我最珍贵的记忆。"这个村子几乎承载着林海所有的童年和梦想。也正是这样一种割舍不掉的感情，指引着他回归家园。

　　大学开始便在新媒体行业创业并已取得不错成绩的林海，毕业后毅然放弃了宁波三家公司的邀约回到贤良，在"最慢小镇"

的号召下，他创办了一家又"懒"又"慢"的特色民宿——"懒猪窝"。

正是它的又"懒"又"慢"，让都市人格外着迷。当原生态不再是宣传口号，当山野清风可以通过真实的触感来知晓，当慵懒变成一种只有在庆元才能感受的"奢侈品"，2015年4月开始装修、6月份才营业的"懒猪窝"像一阵清风，拨动了许多都市白领、背包游客的心。

没有新造楼房，便就地取材，用村庄的老房屋进行彻底改造；没有多余空地，就把原始的猪圈一举改成了休闲区；没有装饰，就上屋外找些木头削削剪剪，将房间点缀出别样精致；没有特色，房子外墙上就用最鲜艳的颜色画出喜庆的图案。就连七个房间也各有千秋，充满着浓墨重彩的韵味。"一米阳光"，"城堡"，"负氧"，这些房间的名字，更是让人过目不忘。原本不起眼的乡村小院子，

在林海的打造下摇身一变竟然成了当今最流行的民宿样子！

"如果你现在要订，估计只能订得上明年的房！"说起它的火爆程度，林海声音里洋溢着止不住的喜悦。开民宿的他，不仅希望客人睡好，更想让客人纵情山水，在田里玩耍，体验农事，真正感受一把自然之趣。"要说起来，这里最大的特色便是原生态：原生态的森林、山水，朴素的村民，非常符合现在人们喜欢的旅游方式。"

让每天都成为新的开始

"懒猪窝"民宿，除了自由奔放的装修与纯粹的慢生活享受，最独特的一点或许是它开办的方式——众筹。在林海的解释里，众筹的目的并不是资金，更多的是筹智、筹人脉。

"懒猪窝"的 26 个股东，分布在沪、杭、甬等多地。在民宿开业后，股东们便自发成了传播者。这种全新的营销手段，不仅让藏在深山的小民宿走进了当下最为火热的朋友圈，更源源不断地为"懒猪窝"输送了稳定的客人。也正是这种创新模式，让林海成了"甩手掌柜"，但民宿却变得越来越好。

认识林海的人都觉得他是一个充满了奇思妙想的人，全身都充满着正能量。而这次用互联网思维开办民宿，或许也离不开他丰富的个人经历。从大二便开始自主创业的林海，推销过彩泥画、磁性剪纸，也在网上销售过庆元最原生态的农产品——菌菇，并创办了"好嗲胚"淘宝店和线下实体店，最终将"好嗲胚"品牌做成了"庆元旅游最后一站"，不仅仅销售自家的农产品，更带动了全村村民农产品的销售。

牛肝菌炖土鸡

　　在"懒猪窝"开业的几个月间，林海的想法与创意也在不断实现。露天啤酒音乐节、泼水节等热闹的活动将来自各地的客人聚在一起疯闹玩耍，集聚人气的同时更积累了口碑。而接下来，书吧、咖啡吧、休闲餐厅的建设都已在林海的计划中，结合动漫、山水景致的"大话东游"亲子游玩项目也已准备就绪。同时，他的"好嗲胚"香菇品牌，也将继续把来自庆元乡间的美味传递给更多游客品味。

　　游客不妨来庆元走走，来林海的"懒猪窝"歇歇脚，吃一碗牛肝菌炖土鸡，看看百山祖的森林与云海翻腾出的壮丽，体味山涧的廊桥近千年的光阴故事，在大山深处的晨起鸡鸣中，过几天别样的慢生活。

儿童莫笑是陈人，湖海春回发兴新。

雷动风行惊蛰户，天开地辟转鸿钧。

鳞鳞江色涨石黛，嫋嫋柳丝摇麴尘。

欲上兰亭却回棹，笑谈终觉愧清真。

——《春晴泛舟》

（宋代 陆游）

惊蛰

民间有谚语云："春雷响，万物长。""惊蛰节到闻雷声，震醒蛰伏越冬虫。"这均为惊蛰节气的特征。

惊蛰，是二十四节气中第三个节气。在公历每年3月5日至3月7日之间。其意是天气回暖，春雷始鸣，惊醒蛰伏于地下冬眠的动物。

故《月令七十二候集解》说："二月节，万物出乎震，震为雷，故曰惊蛰。是蛰虫惊而出走矣。"晋代诗人陶渊明《拟古·其三》诗曰："仲春遘时雨，始雷发东隅。众蛰各潜骇，草木纵横舒。"其实，昆虫是听不到雷声的。大地回春、天气变暖才是使它们结束冬眠"惊而出走"的原因。

今人于惊蛰日，不会吟诗赋词，但依然会在日常生活中以器物寄托各自的情怀。

缂丝，光阴的果实

◎「一寸缂丝一寸金」的俗语，很多时候被理解为「一寸光阴一寸金」。缂丝代表着一种认真的态度，一种不敢怠慢的心情。手工织造为稳步前行的「慢」留得了一份空间，织物就是这光阴的果实。

「如梭坊」的创始人管轶鹦和叶思勤，是两位地道的苏州姑娘。

她们从小生长于「丝绸之府」的苏州，对丝织文化也有一些了解。但直到有一天因为某种机缘，她们参与了传统工艺大师的采访与资料收集研究，才与织绣手艺有了最直接的接触。

不负缂丝不负己

"是一种幸运吧——当缂丝产业黄金期留存的织物展现在我们面前时，繁复的纹样，流动的色彩，好像为我们打开了一个未曾见过的丝织世界。"

"从中你见到的是时间的光华，是那些不知姓名的人。一丝一缕，一梭一拨，日复一日，织造出一种美感，呈现了生丝的挺括，熟丝的柔光，以及金丝的熠熠生辉。即便看似简单规整的宝相花，也包含了一位缂丝师傅数十年的织造修行。握着缂丝物，值得感叹世上曾有一段光阴被这样记录与演绎，千年不坏，存留世间。"谈到与缂丝的初见，叶思勤这样感慨道。

织绣手艺曾经达到的辉煌已在叶思勤内心留下印记。之后，她翻寻、研读相关书籍，搜索史料，走访老艺人，跟随市工艺大师进行缂丝技艺资料整理，并在北大文博科创工程中发表了数篇论文。

同样的，缂丝精美的图案和色彩，也给管轶鹦留下了深刻印象。作为有着十几年经验的平面设计师，她开始将重心转向织绣

①②
③④

①缂丝桌旗

②缂丝团扇

③打籽绣大茶包

④打籽绣福香囊

跟着节气过日子　　春

工艺领域，利用业余时间参加培训，向老师傅学习织绣技艺，为缂丝艺人设计作品稿件，通过掌握工艺核心，更好地将现代设计理念融入其中。多年的摸索使她顺利通过了工艺美术师的资格认定，其设计作品也在全国工艺大展中屡次获奖。

历史演进、工艺技法都是基础的累积。传统织绣如何融入当下生活，才是放在两位创始人面前的重要命题。

"不辜负这份手艺的创作定是经得住时间审视的经典之美，所以我们要做的不仅是迎合潮流，而是静下心体会生活的要义。"叶思勤和管轶鹦不只这样说，她们还全身心地投入——无数个日日夜夜，她们一遍遍地研磨设计稿件，一次次地与各环节的手艺师傅沟通调整设计图案。所有的付出都是为了探寻织绣在这个时代的意义。

2016年，"如梭坊"出品的织绣产品面市，除了传承缂丝工艺，还运用"打籽"、"盘金"等实用绣艺，产品涉及缂丝工艺品、织绣家居饰品、手包服饰等民艺品，同时提供缂丝艺术品高端订制服务。

古老技艺曾被锁在深宫

若要对"如梭坊"的织绣物有更感性的认识，就要从缂丝这种工艺说起。

缂丝是一种丝织工艺，并非材质，虽曾写作"刻丝"，其实与刀无关。宋代庄绰在《鸡肋篇》中写道："承空视之如雕镂之象，故名刻丝。"就是说拿着缂丝成品对着光看，可以观察到在缂织过程中留在纹样色彩边缘的许多空隙，犹如用刀在丝面上刻出图案，故被称为"刻丝"，但正确的表达还应是"缂丝"。

缂丝已有千年历史，并享有"织中之圣"的美誉。在2009年的时候，缂丝作为中国蚕桑丝织技艺入选了世界非物质文化遗产。追溯缂丝的历史，起源大约在公元 7 世纪。源于古埃及和西亚地区的"缂毛"工艺，自汉至隋唐传至中原内地，逐渐发展为丝织品缂丝。宋代是缂丝的盛期，其中以定州生产的最为有名。南宋时，缂丝生产重心移至长江三角洲，在苏州、松江等地迅速发展并形成自己的特色，名家辈出。

宋元以来，缂丝一直是皇家御用织物之一，常用以织造帝后服饰和摹缂名人书画。《红楼梦》里对于缂丝服饰的描写有很多。描写王熙凤出场的时候，就写到"外罩五彩刻丝石青银鼠褂"；贾母庆寿，江南甄家送来"一架大屏，十二扇大红缎子刻丝满床笏，一面泥金百寿图，是头等的"。即便在当时的贾府，缂丝也是罕见的好东西。

缂丝作为一种皇家工艺，在它的发展历程中，与普通老百姓生活似乎没有太大的关系。直到 20 世纪 80 年代，缂丝工艺嫁接了高档日用品，用于出口，迎来了一个短暂的兴盛期。但随着 90年代相关外贸业的衰落，缂丝也就随之落寞了。

"落寞的现状并不能抹去缂丝工艺的价值。那份华美始终来源于它独特的织造技法——通经断纬，这也是缂丝区别于其他织造技法的最大特点。在织造过程中，缂丝需要根据图样变一色就要换一色梭。通过这种'回纬'技法来织造，可以做到花纹色彩正反两面完全一样。"这是缂丝吸引叶思勤和管轶鹦的原因。

缂丝作为织造工艺，直到现在都没有办法通过机械加工。其色彩的丰富和细腻度，是机器无法取代的。即便熟练的手艺师傅，遇上图案繁复、花色细腻的画稿，可能一天仅能织几厘米。

木梭在丝线中穿行，随光阴化作手工织物，很形象地诠释了"光阴如丝"。不仅缂丝如此，"如梭坊"推广的"打籽"、"盘金"等绣艺也是一种时间艺术的精细叠加。完成一款新品，从概念到落实，需要诸多环节的配合。比如很多摹缂作品上都会有颜色深浅的渐变，织工们为细致体现作品，常要将一根真丝劈线后

①③⑤
②④⑥

①缂丝过程　②、⑤打籽绣过程

③缂丝勾稿　④打籽绣宝相花

⑥打籽绣桌旗

缂丝工具——梭子

再缂织。无论是换梭还是劈丝，每幅缂丝作品都需要织工长久、专注地工作，不容有失。也正是在老手艺师傅经过几十年磨合产生的默契中，叶思勤和管轶鹦有幸窥见了传承的微光。

叶思勤说："他们虽然没有耀眼的头衔，甚至掌握的仅能算作某项手艺的小小一环，但执着前行的他们犹如暗夜中星星点点的微亮。你一程我一段，因彼此默默坚持而得以延续。""如梭坊"将这份情带入每一件产品，无论色彩、图案都做到最佳组合。

探寻人与物的相处之道

中意"如梭坊"产品的客人，不仅会留心设计中藏着的小细节，

跟着节气过日子 春

而且也是惜时惜物之人。他们往往购买之后与叶思勤和管轶鹦就成了朋友，日常之间的交流沟通也就越来越紧密，不少客人还会对产品开发提一些自己的想法。这一来二往的，叶思勤和管轶鹦的产品设计里就有了更多惜物之人的情缘。

因为"如梭坊"，缂丝的御用工艺之美又渐渐融入了亲和的生活用品，散发出新的气质；而"打籽绣"这种一度失落的民艺，也正从农家小院支起的绣花绷架中被带入城市，让都市人重新思考日常美学的意义。

"我们重拾手工织绣，并非是要参与历史预设的怀旧游戏，而是想回归内心，以求安于时代的静谧一隅，以织物为媒，探寻人与物的相处之道。"管轶鹦和叶思勤如是说。

这不只是一种理想，她们更具体的实践着。

从创意设计、手绘样稿到手工织绣，"如梭坊"秉承着中国文化和传统工艺，融入现代设计思维，与工美大师、民间艺人不断探索改进，旨在呈现如梭气质的缂绣，将愉悦之美与轻松之用和谐统一，适应当代人的生活方式，打造出让人越用越亲切的手工艺品。

"希望透过'如梭坊'的产品，能让苏州手工缂绣的艺术价值被更多人认知。"这是叶思勤和管轶鹦的共同理想。

用金属器物重建
美学与生活的关系

◎ 毕业于广州美术学院装饰艺术系的王杉是『五玄土』品牌创始人之一。

印象中的王杉清宁干净，浑身气质都很仙女范儿。然而沉浸在工作中时，她又给人倔强和刚毅的感觉。这两类看似冲突的特质在她身上奇妙地融合。你很难想象这样一个温婉可人、云水禅心的山西姑娘，做的却是足够重磅的活儿——铜器。

多年以来，王杉一直专注铜表面的艺术效果研究，完全发挥铜材质本身的美，探讨人与自然的关系哲学，不断探究传统工艺哲学在当代空间的视觉转换。希望中国的传统工艺再次以全新的面貌呈现！

铜器，感性的同时也是温暖的

铜这种古老材料，经过王杉的手以后，偏就能变成时尚又精致的器物，就像铜的生命获得了另一种延续，其气质不再冰冷刚硬，而是带上了个体的温度和性情。恰是这层意味，让王杉选择的艺术方向，具有了某种宿命般的价值跟意义。

山西是一个有着悠久历史的地方，历史赋予了这个地方无限的积淀。王杉、贾江宏夫妇创立的"五玄土"立足本土，以山西铜为载体，根据中国方位、五行系统衍生的黑、白、赤、黄、青五色为基础，运用中国本土的哲学、媒材、审美习惯、传统技艺去创作更适合现代空间的视觉语言。他们将金属着色艺术突破了原有的工艺局限，历练出铜玄妙多变的一面，感性的同时也是温暖的。

"我老公是做雕塑的。他对自己的作品要求精益求精。他常常约我一起做各种实验，比如用铜材质的色彩效果来还原作品的情绪等。我们平常有喝茶的习惯，能够放着音乐喝一杯茶是一天最放松的时刻。有一天，我老公突发奇想就去敲了一个小茶则。

①│②　①、②王杉、贾江宏夫妇用绘画视角探寻金属铜表面着色的可能性
③│④　③寒梅茶器
　　　④花开夏茶器

跟着节气过日子　　　春

我们给它上了颜色，拍了照片，每天用着，觉得很美，特别有成就感，似乎这一瞬间找到了生活的意义。"王杉说。

"美学"二字有它的门槛，但王杉的作品却有自己的风格——色调优雅的建水、花朵造型的壶承、构思精巧的茶则、寄予天圆地方理念的杯托，每一件小小器物所展现的美，都足以令人惊叹。尤其是色泽，在黑、白、赤、黄、青五色的基础之上衍生出的黛蓝、靛青、紫棠、朱红、月白、赤金、竹青、秋香等色，仿佛胭脂也描不出它们的妩媚嫣然。

选择以茶器切入创作，与静谧生活息息相关。秉承着可以"为茶席添点金"的理念，王杉心心念念想要促成的更是一方茶席的圆满。所谓圆满无非是金木水火土此消彼长。她不断努力把对艺术的理解融入生活中，从最简单的器物切入，不断寻找中国传统美学痕迹和规矩，并进行空间营造。她说，在这冰冷的金属上注入时间和心血，它就成了有温度的生命，值得一辈子去挖掘。

着色，像驯服一匹烈马

在王杉看来，色彩所具备的交流功能和信息量远不止于情绪，它有更多的人文涉及。于是，她开始尝试利用铜作为一个媒介进行创作。她着迷于这个材质色彩碰撞的微妙变化，通过对配方的合理调控，完全从绘画的角度出发探寻铜表面着色的可能性。金属生性冰冷、低沉，她却偏要用色彩渲染，借以实现柔美、轻松的情绪转换。

"在工艺实现中，着色是难度非常大的一个环节，像驯服一匹烈马，不能急功近利。你需要耐心地摸清楚它的性格脾气，然后顺着它的变化，合理诱导出想要的色彩效果。"

王杉、贾江宏夫妇用自己熟悉的绘画艺术视角重新探寻铜表面着色的可能性。铜器神情优雅而神秘，宛如安然盛放的风景。

金秋茶器

跟着节气过日子

海的回应（王杉）

土生金，是金属情绪的本源。用金属器物重建美学与生活的关系，在生活中完成美学的修行是他们的追求。

自由的色彩变化牵引着双手勾勒出潜意识里的疑问与回答，他们与铜对话、与色彩对话、与自己对话。茫茫的星河，充满了未知与神秘。勇敢的人会不顾一切，投入深邃无边的星空，发现深藏的秘密。只有胆怯的人才会畏缩不前，手足无措。心里想什么，你就看到什么。铜唤起王杉、贾江宏夫妇原始又纯粹的情感，正是这种互动实现了作品的意义。

好的器物，意味着匠人将自己化身其中

只有当器物的每一个过程你都有亲历，它微观漫漶的轮廓由你决定，它精细入微的纹理是你锻造，它内里秘而不宣的分子结

①
②③

①老城墙根下的跷跷板木马（贾江宏）

②太昊系列（贾江宏）

③蝥（贾江宏）

跟着节气过日子 春

雨过天晴茶器

构饱含着你的来处和去路，这件器物才算真正归属了你。

从艺术家转身为匠人的王杉，对此显然是早已了然。所以她懂得以退为进，把自己藏身于材料背后。一块裸铜经由她剪裁，输入了她的审美好恶，最终跳出来的是她的艺术之舞。好的器物就是如此。它意味着匠人将自己化身其中，有多少的寄托与融入，便意味着艺术的边界扩展到何处。从这个意义上说，匠人其实是这个世界上最幸福的人：他可以用一种材料，创作出多重的生命，也因此拥有了多重的自由。

制一盒香
就是为你写首风物诗

◎ 在结识「芸香堂」的五位手作

人伙伴之前，笔者一直很喜欢宋人

黄庭坚的《香十德》：「感格鬼神，

清净心身，能除污秽，能觉睡眠，

静中成友，尘里偷闲，多而不厌，

寡而为足，久藏不朽，常用无障。」

短短四十字，道尽中国香品的

气质、内涵与功用，跟现代香水、

香薰简单罗列前中后调的「自我介

绍」比起来更显得意蕴悠长，气象

万千。然而，传统香品在我们今时

今日的生活中似乎渐行渐远，身边

多的是香水收藏家，却鲜见传统香

品能像一个好朋友一样融入日常。

古者以芸为香，以兰为芬

与很多手作品牌开始仅有一位或两位创始人不同，"芸香堂"是由五位伙伴一道创立的。五个人职业不同，分别是汉服设计师、环境工程设计师、IT 工程师、动漫编剧、杂志编辑。然而对中国香文化的共同爱好，经常让他们在品香场合不期而遇，而且他们一直都在为传统香品的传承和推广各自努力着。

2015 年，大家决定一起来做点什么，希望能把自己对香文化的理解变成活生生的香品，让香不再曲高和寡，而是带着亲和力走进更多普通人的生活。

这份共同的小事业最终定名为"芸香堂"。这个名字取自宋人苏轼的《沉香山子赋》："古者以芸为香，以兰为芬，以郁鬯为裸，以脂萧为焚，以椒为涂，以蕙为薰。"以芸为香，说明香其实是来自草木的气息。它源于自然，饱含令人愉悦的能量。而制香人要做的就是捕捉大自然的味道。这不仅需要纯熟的技艺手法，更需要洞察力，且内心有静气。

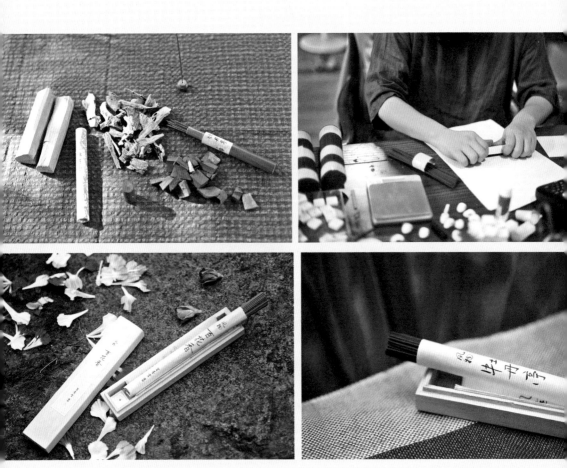

①百花香香料

②香包装

③百花香香品

④牡丹亭香品

做芸芸众生呼吸之间的味道

香的制作工序精细繁复。最开始的拟方、打样，就得反复数十遍；定方之后，原料的选择、工艺的确定以及打粉、过筛、混合、挤香、晾干、捆扎、切割、包装等每个环节都得小心谨慎。"芸香堂"秉持无添加原则，用纯天然原料，按照最传统的香方制作成品。

五个合伙人分工合作，有人负责包装设计，有人为媒体宣传

奔波，有人开拓销售市场……但大家的注意力随时都能拉回到"做产品"上，只要聚在一起，最热烈的话题永远都是琢磨香方和工艺，即使销售会议，最后也会演变为产品体验会议。

这种定期互相碰撞最大的好处是，修正了个人偏好与大众审美的关系。香原本是非常个性化的商品。每个人对香味的理解都是不同的，团队每个人都有自己的香方作品与体验，彼此之间难免有分歧。把分歧摆到一起来争论、解决，不为自己的作品产生情绪化的"护短"，长久下来，才能跳出孤芳自赏的局限。而"芸香"也有了新一层意思：做芸芸众生呼吸之间的味道。

①
—
②

① 品香诗

② 静品一支香

跟着节气过日子

春

让平凡日子细嚼，清风也有味

在经过深入产地不断探索、反复调整配方和包装后，目前，"芸香堂"的产品主要有三个系列："芸系"沉檀香，"兰系"单品香，"风物"系列合香。大家不约而同地表示，"风物"系列合香是团队成员私藏的心头好。顾名思义，合香的香味更丰富、更有层次，而"风物"语出晋代陶潜的《游斜川》："天气澄和，风物闲美。"这个系列就是想还原香品大自然的气息，让久居都市的人仿佛置身东篱下、南山中。

而今，"芸香堂"的五名伙伴无论出去上课还是办活动都会被同好们称作"老师"。他们说能受到大家的认同很开心，却并不敢自认为已达到"为人师"的水平。这恰恰说明中国传统熏香还处在起步阶段，普及还远远不够。中国香意蕴悠长，气象万千，却在我们今天的生活中渐行渐远，并不像香水拥有海量的粉丝。

"芸香堂"只是传统香薰香品同好中普通的一员，但五名手作人觉得，即使能力微薄也要尽力。他们愿以香为媒，让越来越多的人体会到传统文化的温暖、美好与慰藉，让平凡日子细嚼清风也有味，像首风物诗。

大器至极，则简

◎ 大漆，割取自天然漆树，是一种极为贵重的天然漆材，素有『百里千刀一斤漆』之说，具防腐及装饰功能，滴漆入土千年不腐。以髹、雕、刷丝、错彩、施金等髹漆技法，将大漆饰于木、麻、陶、石、金属等胎骨之上，经数月反复的髹磨窨干，制成大漆漆器，其质坚而色华，具极高的实用及审美价值。此即为『髹漆成器』。

『极简大漆』创始人、漆艺人、设计师陈如山，毕业于福建师范大学美术专业。他于山水之间，探索大漆、自然、人与日常之关系。对金属胎大漆、自然、人与日常之关系。对金属胎漆艺的复兴，是他近年来在大漆创作上所取得的一项重要成果。

以漆艺之美让日常更具质感

2012 年，陈如山在福建创立"极简大漆"，以天然大漆为主要创作材质，采用传统手工髹漆技法，创作更符合现代审美意趣及生活方式的大漆用品，以漆艺之美让日常更具质感，是他的追求。

他说："大漆极为包容、又具活性，是自然造化所给予的绝美创作素材，除了虔诚以待，不应有其他杂念。髹漆虽苦，但漆艺的世界太美太博大，越学越觉所习犹浅，唯有孜孜以求。

大漆多以朱、黑二色为主，被誉为世上最美的红与黑，内敛深邃，温润如玉。大漆的活性，或许是它最为迷人的特质。漆液在离开漆树母体后依然是活的，漆酶与空气中的水分持续在发生反应。随着时间的推移，色泽不仅不会黯淡，反而愈见其华。埋在内里的色漆一层一层地开，底蕴焕发而出，呈现出丰富而纯粹的莹润质感，叫人把玩痴迷不已。岁月会让珍贵的质地更有分量。

漆器在古代是贵重精致的器物。西汉《盐铁论·散不足》说："一杯棬用百人之力，一屏风就万人之功。"翻译成白话文意思就是，

漆艺人陈如山

做一个漆杯子要用百多人的气力，做一件屏风要花费万人之工夫。
足见其工本之高。

　　汉代以后瓷器渐兴，其后漆艺传入日本。《髹饰录》记载："墨
髹朱里，导源虞夏。日本至今，尚供日用。彼中治漆，悉因我法，
墨守精进，通国风行。"英文"CHINA"为瓷器的意思，"JAPAN"
为漆器的意思，或得于此。而福州因其独特的地理自然条件和历
史人文环境，成为当代中国最重要的漆艺重镇。

　　陈如山在日本游学期间，对日本漆工艺的分工细作、墨守精
进，有了更直观的体悟。墨守有余而精进不足，则不免流于匠气。
如何完成传统漆艺在现代日常的美学表达，是他始终的思考与

<table>
<tr><td>①</td><td>②</td></tr>
<tr><td>③</td><td>④</td></tr>
</table>

①细麻素髹金属胎大漆案——兰亭序·若谷

②壶承——得闲·小波

③香盒——喜宝

④素髹锡胎大漆——小雅

探索。

从茶器、花器到香器，从木、麻、锡、银等不同胎骨的运用，再到材料、形制、日用、工艺，他不断在尝试。漆艺界评论陈如山的作品匠心独具，简而不俗。他说，这仅是一个开始。

大漆不费料费事，难成其美

"漆最好的表达方式之一是多层的髹涂，待漆层达到一定的厚度之后，加以研磨，把凸出的部分削去，再不断打磨至光滑，

<table>
<tr><td>①</td><td>②</td></tr>
<tr><td>③</td><td>④</td></tr>
</table>

①大漆素髹锡胎花器——倾城

②大漆素髹锡胎花器——水问

③大漆彰髹木胎花器——美人

④大漆彰髹木胎花器——洛神赋

　　①、②漆园工作室——汐山兰若

让底下的漆层从漆面上生长出来。看起来丰富斑驳的漆面，摸上去却光洁如镜，这在传统漆艺中有专门的工序来完成。"

陈如山说"极简大漆"目前采用的多是这种磨显填漆推光漆艺。要先数遍、甚至十数遍的髹涂，再反复研磨，之后推光以达到表面的光滑，最后去除表面杂质、划痕。每髹一道，都要等着自然阴干后再打磨。漆层厚度、结膜硬度、打磨深度，凭的不仅是经验，更是对耐心的考验。反复地髹、阴干、打磨，大漆整个制作周期长达数月，前后工序多达几十甚而近百道，异常枯燥缓慢。大漆做起来不易。

但凡好东西，总是有些脾气的。请来的阿姨在漆器厂里做了多年，刚开始总是抱怨："东西埋在里面谁知道的！人家底胎都不用大漆的！你却这样费料费事！"陈如山笑曰："非也，世道人心在己。"大漆，本该费料费事。不费，难成其美。底胎做好后，开始做肌理效果。看着美一点点在手中被呈现，那个过程你会很享受。

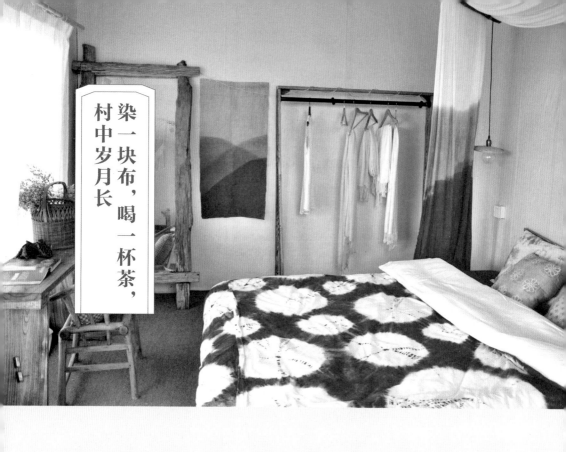

染一块布，喝一杯茶，村中岁月长

◎ 不走寻常路，也是一种生活方式。

比如，现在大学毕业后留在城市里打拼的许多年轻人，择一城一待就是一辈子。但成都姑娘罗丹却反其道而行之。她在大学毕业两年后，毅然选择从大城市回到故乡。

染一块布，喝一杯茶，这样的慢生活是罗丹喜欢的。

从前不回头，往后不将就

四川大学服装设计系毕业的罗丹，来自竹编工艺的家庭，父母用手艺养大了她。从小耳濡目染的她，对于手工也是很喜欢。她一直喜欢动手做些染布、编织的事儿。

大学期间，罗丹也曾一个人去杭州实习，从事过两年的服装设计；毕业后，她回到成都，在一家室内设计公司从事软装设计。但是这份工作需要经常出差。辛苦自不必说，主要是自己不感兴趣。

2015年，一次偶然的机会，罗丹知道了家乡明月村的文创事业正蓬勃地进行着。她毅然决然地辞去工作，回到明月村开设了蓝染工作室——青黛。

明月村位于成都平原西南，2009年还是一个市级贫困村。如今，展现在大家面前的明月村却是另外一番景象：雷竹，茶田，松林，古窑，宁静的空气。由于政府积极吸引文艺人士进村，引进文创项目带动就业，短短两年时间，36个文创项目先后散落在茶谷松林，100余名陶艺家、艺术家、设计师栖居这方田园。

①|②　①、②罗丹的美好日常

明月村里有篆刻博物馆、陶艺工作室、蓝染工作室、咖啡馆、民宿……整个村子，如同一个乡村博物馆。

对于90后的罗丹而言，这是一个幸运的事情。能回到故乡生活，又能在如此好的创业环境中做自己感兴趣的事情，可谓一举两得。罗丹说："人最强大的时候是选择放下的那一刻。从前不回头，往后不将就——这就是我对待自己生活的态度。"

一切缘起于自然，又归于自然

罗丹给自己的作品取名"布丹"。"布丹"蓝染追求自然传统的生活方式，尊重传统民艺人手艺，创新传统艺术，尊重大自然，热爱大自然。一切缘起于自然，又归于自然。

她说："我缄默不语时，反而听见了全世界，便懂得世界总有一事不可辜负，对于我而言那便是温暖的手工蓝染。"

植物染物品之所以美，在于它包含着制作者的耐心和温情，染料与布匹之间都存在着不可言说的真挚情感。把美好的希望寄托其中，把一件小事认真做到极致，胜过粗糙机械的复制。

①│②
③│④

①条纹靠垫

②山水纹靠垫

③蓝天白云图案蓝染布

④荷花图案蓝染布

　　罗丹说："早些年读木心先生的《从前慢》，最喜欢的一句话就是：'从前的日色变得慢，车、马、邮件都慢，一生只够爱一个人。'我对这本书很有感触。对于过着快节奏生活的我们来说，如何慢下来，过一种慢生活，是我对人生最大的期望。"

　　罗丹说："不知道现在有多少人能这样慢下来感受生活，能在院子里数一数天空的星星，能认认真真地与家人一起享受生活的乐趣。这些本来就是我们该有的生活，可惜我们都行走太快，以至于来不及驻足欣赏。"

日子虽然简单且平凡，但却充满欣喜

　　明月村的生活，的确让罗丹慢下来了，而最重要的原因是她

蓝染围巾系列

蓝染团扇

对蓝染的热爱。

罗丹说："在明月村生活，在竹林中工作，染布，洗布，晾布，每一天从日出到日落，每一刻都是与大自然对话。日子虽然简单平凡，但却充满欣喜。"

"蓝染的美妙之处在于它从来不会以同一种面貌展现在你眼前。你会看见一个个新生命从手中诞生，每件都是独一无二的个体，也都带有美好的影子。不管在何种日子里，所拥有的这件物品都是温暖的，那里留有自己掌心的温度和眼眸的深情。"罗丹说。

如今的印染技术五花八门，工业印染已经成为主流。但是这样的印染方式对我们生存的家园却造成极大的污染，让生活环境越来越糟糕。

罗丹说："如果生存环境都不保了，我们还有什么家园可回？蓝染是一项环保可循环的古法染色技艺，是中华五千年的历史文化。我希望能将这种古老文化传承下去。提倡环保的生活方式，使用环保的生活用品，既回归自然，也要回馈自然。"

我们都行走得太快，以至于遗忘太多的东西。很庆幸还有那么一些人在坚持手作，坚持传统手工艺，让古老文化有所传承。

罗丹说："我是一个普通的小人物，可是我想做一件不普通的事情。蓝染，是充满了生命力的工艺，蓝染的每一个物件都是生命的再造与延续。我要把传统文化做出新的时尚高度！"

未来，有许多的未知，也有许多的挑战。她希望会有越来越多的人了解、理解植物染，让它更多更好地出现在我们城市的某一个角落，希望那个时候遇见最美的你。

胜日寻芳泗水滨，
无边光景一时新。
等闲识得东风面，
万紫千红总是春。
——《春日》
（宋代 朱熹）

春分

春分，古时又称"日中""日夜分""仲春之月"。《春秋繁露·阴阳出入（上下篇）》说："春分者，阴阳相半也，故昼夜均而寒暑平。"

春分的含意，一是指一天时间里白天黑夜平分，各为 12 小时；二是指古时以立春至立夏的三个月为春季，春分平分了春季。

春季亦是花季。春分前后，气温回升，正是百花盛开之际。跟随云南西南边陲的野蜂采花为蜜，是这个季节的别致体验；与此同时，浙江衢州常山的那座老油坊里，古老的"木龙榨"也在开启它的盛世流年。

陌上花开，踏歌而行。这样的日子美如一首诗。

山中的那座油坊

◎ 在浙江衢州常山，青山绿水环抱着一个有着五百年历史的小村庄——泰安村。

跟村子的历史一样漫长的是一个破旧的古法榨油油坊，名曰『山中那座油坊』。这个油坊曾经在村庄里红极一时。那时家家户户食用的山茶油，都是伴随着一声声的吆喝从油坊的『木龙榨』里流淌出来的。时过境迁，如今『山中那座油坊』却被人们抛弃和荒废——虽然被列为省级非物质文化遗产，也免不了面临失传的命运。

泰安村，世世代代靠茶油为生。山茶油曾是维系村民生存的血液。但伴随着城市化进程的发展，古老的村落里的这门手艺，正渐渐地走向衰落。

返乡的决定

2015 年，中国美术学院毕业的余家富，怀着一种乡愁，带着媳妇回到家乡，创立了一个名为"安之食"的山茶油品牌。这件事情在小山村里引起了不小的轰动。

有着名校高学历背景，毕业后本有着一份稳定好工作的余家富为何会辞职重新回到大山呢？ 余家富说："我的父亲是村里一名古法榨油师傅。他从十八岁开始榨油，已经有四十多个年头了。在过去的三十年，大家都往城市跑，可是父亲始终守着这片油茶青山。他这四十年来对山茶油的坚持，让我心生敬畏。从我出生时的奶粉钱，到后来我上学所有的费用，都是靠父亲榨山茶油辛苦换来的。所以山茶油对我来说意义非同寻常。"

"在我的内心深处，山茶油是我一辈子离不开的乡愁。我想回到生养我的土地，传承已经千年的非物质文化遗产，让村民的血液——山茶油再次流动起来。"

余家富的父亲身强力壮，榨油技艺精湛，是村里出名的榨油师傅。

采果

古法木龙榨油,是一项非常复杂又讲究的技艺,不仅要靠力量,还要靠技术,更要靠耐力。榨油的时候还有一套口号,一边打油一边吆喝。

余家富说:"我父亲天生一副好嗓子。他喊口号的时候,抑扬顿挫,粗犷潇洒,满满的都是正能量。小时候,每次放学回家,远远地听到父亲的吆喝声,心底里会有自豪在涌动。"

野生是一种精神，古法是一种坚持

  山茶油是我国特有的传统食用植物油，其历史源远流长。先秦古籍《山海经》记载："员木，南方油食也。"这"员木"即为油茶，秦时称甘醪膏汤，汉末称膏汤枳壳茶，唐代始称油茶，沿用至今。

晒果

　　常山是油茶的天然分布区。山茶油制作历史相当悠久，传说已有两千多年。1990 年版《常山县志》根据芳村镇猷辂、寿源等地家谱记载，认定常山在宋末元初已大量栽种油茶，明代中叶油茶已广及山区、丘陵，民国期间全县各乡均种有油茶。1991年版《中国民间文学集成·浙江省常山县故事卷》则称"常山油茶早在南宋时期就大量种植"。

　　"七月半，茶籽乌一半。过中秋，茶籽乌溜溜。"民谚往往透着先民们的经验和智慧。而茶籽的成熟程度是跟着时令的变化而变化的。油茶林的特点是，不用施肥，也不用除虫，但每年 7月开始要去"砍山"。所谓"砍山"，就是把油茶林里面的杂草杂树砍掉，以便 10 月时上山采摘。

　　因为油茶林是野生的，所以一般产量不高，但是茶油的品质却非常好。泰山村，地处偏远，一直都坚持用传统的古法压榨工

跟着节气过日子　　　　春

艺——木笼榨。这种工艺压榨的特点是，榨出来的山茶油自然纯正，散发着醇厚的油香，沁人心脾，绵久悠长。村里人都称山茶油为"益寿油"。

经历了岁月的淘洗，在泰山村里，古老的"木龙榨"以其特有的生命力延传至今。村民喜欢也习惯吃茶油，所以村里的长寿老人特别多。村里80多岁的爷爷不仅身板硬朗，还能轻松上山采茶籽。

非遗古法压榨："木龙榨"山茶油工艺

"木龙榨"为传统手工榨油工艺，是浙江省非遗保护项目。

早年，在常山的乡间，木榨油坊同碾坊、豆腐坊一样寻常。这种被称为"木龙榨"的榨油方式，又被称为"对撞子"。所谓"木龙榨"，完全是通过肌肉发达、臂力惊人的油匠师傅挥舞油槌撞击木榨达到出油的目的。

"木龙榨"工艺比较繁琐，包括采果、堆沤、晒果、脱壳、晒籽、碾粉、过筛、烘炒、蒸粉、包饼、榨油、过滤等十多道工序。

采果：

按照采收季节不同，油茶分寒露籽和霜降籽两种。适时采收，才能保证出油率。每年寒露和霜降一过，人们就挎上背篓，系上布兜，上山采摘茶果了。茶果采回家，经过堆沤、晒果、脱壳、晒籽等工序，即可将茶籽担到油坊榨油。

碾粉、烘炒：

所有的茶籽晒干了之后，就要搬到榨油厂里面，第一道工序是碾碎。

余家富说："碾碎装备是我小时候最害怕的。机器运转时轮子转得很快，师傅们通常要在机器运转的空隙里，伸手到碾槽里面把碾碎的粉末舀出来。每次看他们劳作时，我都觉得惊心动魄，

①	②
③	④
⑤	

①蒸粉

②包饼

③榨油

④出油

⑤挑油

跟着节气过日子　　　　　春

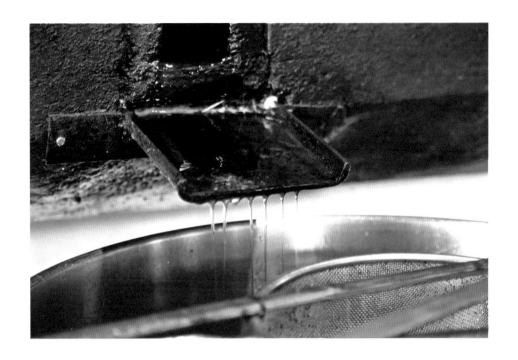

生怕师傅们的手被碾到。"

　　茶籽被碾成粉之后，要倒入大铁锅烘炒。烘炒是一道十分讲究的工艺：火太猛，茶粉容易烧焦，影响茶油的色泽和清香度；火太嫩，水分不能完全散发，同样会影响茶油的纯度和品质。必须炒到松而不焦，香而不腻。

蒸粉、包饼：

　　接下来，就是蒸粉和包饼了。

　　碾碎后的粉末要炒熟，然后放在一个蒸桶里面蒸熟。蒸粉的蒸笼是专用的，外形如蜂筒。将炒好的茶粉倒入其中，蒸熟蒸粘，为包饼做好准备。

　　熟了之后，要用稻草做一个固定茶粉的托，外面用铁圈围住，作为包饼底衬，然后将热气腾腾的茶粉倒进铁环中，赤着脚飞快地将茶粉踩平踏实，形成一个圆茶饼。

余家富认为固守古法榨油是一件值得做下去的事儿

包饼的过程也有讲究。如果托没有做好，茶饼一拎就散。饼包厚了不行，影响出油率；饼薄了也不行，茶粉藏在铁匣里榨不干，出油率更小。

叠龙、榨油：

饼全部包好，放进大木榨里面，看上去，像一条长龙。这是叠龙。这也是将这种榨油的方式称为"木龙榨"的原因。

这个木榨是由上下两块整木固定而成，直径大概在 1.5 米左右，需要很大的一棵树，才能制成这么一个木榨。

明代的宋应星在《天工开物》中对"木龙榨"是这样描述的："凡榨，木巨者围必合抱，而中空之，其木樟为上，檀、杞次之。此三木者脉理循环结长，非有纵直纹。故竭力挥椎，实尖其中，而两头无莹拆之患，他木有纵文者不可为也。"能做榨木的只有樟木、檀木和杞木的巨木。

榨油师傅在这里很关键，基本要求是力气大，脚步灵活。榨油师傅是榨油过程中最辛苦的了。

余家富说："我父亲是村里最有名的榨油师傅。老爸年轻的时候力气足，油榨得干，出油率高。除此之外，还有一项特殊的技能——吆喝。因为榨油的时候用力猛，需要喊出来。而为了配合这个动作，专门有一套吆喝的口号：'喔诶喽……哎喔喉……喔诶喉……'每每听到这样的吆喝声，就知道那里是榨油坊了。而我父亲的声音，是方圆三十里的村庄最动听、最响亮的，当年有'榨油小王子'的称号。"

出油：

铿锵有力的号子声，奏出了一曲朴素的劳动交响乐！

清香明亮的山茶油从龙榨口慢慢渗出，随着号子声越来越响，流淌得更欢了。暖暖浓浓的油香，弥漫四溢……那是榨油师傅最幸福的一刻。

余家富说："为何我仍坚持采用古法制作山茶油？因为整个制作的过程，充满了先民的经验和智慧。在老油坊里，在'木龙榨'的近前，浮躁的心，会得到片刻安歇。从某种意义上说，'木龙榨'榨出的茶油，不仅仅是茶油，更多的是对父亲那一辈人生活态度的敬畏。许多东西并不需要改进，只需要固守。在民间文化日渐消失的今天，固守是一件值得做下去的事儿。"

◎ 曾经，羡慕别人的光芒。

期待，也成为太阳。

后来，觉得月亮也美，在黑夜里散发柔和的光。

然后，认识了星星、山川、河流、沙漠、树木、蚂蚁、蜻蜓、蝴蝶。

嗯，很好。世界上的每一个我都不一样。

这是陶艺人李建章的自由体诗，也是他现在的生活状态写照。

每件器物，只做不同的自己

当年，从清华美院毕业后的李建章，像许多出生于 20 世纪 70 年代的人一样，前脚刚迈出校门就立刻投入了职场，并经历了中国经济增长最快速的那个时代，开始了昏天暗地、没有止境的都市生活。

历经十几年在大都市中繁忙的生活之后，为了照顾年长的母亲，他迁回到了大理。生活步伐忽然慢了下来，他的人生也有了很大的转折。

在大理，他认识了当地的陶艺家晏子，并向他学习手捏成型和柴烧的技艺。在学习并创作陶艺的过程中，他的人生有了彻底的大反转，他对生活以及时间的意义有了截然不同的态度与看法。

不是科班出身的李建章做起陶艺来一丝不苟。与其他的陶艺家用转轮或其他机具制作陶艺作品不同，他的创作一直坚持手捏的方式。有人问他为什么。他说："其实，手捏成型是最早被人类使用的制陶方法，经过漫长的发展以后，才逐渐被拉坯或浇筑等方式代替。"

　　"手捏陶器看起来费劲又没效率。用拉坯的方式一天可以做一百个，手捏一天做一两件算快了。但原始的方法却也有它的灵活之处。拉坯，用旋转的方式可以制作出圆形对称的器型。手捏成型却可以解放这种束缚，可以制作出更复杂多变的陶器。"

　　"因为坚持创作的形式，我的生活与创作内容也产生了改变。手捏陶器需要更柔软的陶土，因此从找寻泥土开始，便需要不停

①│②
③│④　①、②、③、④手捏茶器

尝试，没有捷径，更没有成功的配方或公式。"李建章说。

　　"但是形式真的会决定内容。选择了不同的创作方式，就像选择不同的方向行走，走得远了，看到的、体会到的都不一样。这就有了互相区别的个性。"李建章补充说道。

　　"以现代的科技而言，要把器物做到精准与规范一点难度也没有。但是一旦放下工具，将手掌没入泥土，只用双手，让拿捏的痕迹爬满器物，那么它就变成了一个独一无二的作品。放下工具后，每件器物彷佛重新活过来，每一个都只做不同的自己。"李建章感性地说。

生活之中处处皆是美，只要有颗欣赏的心

李建章的生活与创作是分不开的。有时上山去砍柴，他用背回来的树枝野草，燃了一盆取暖的火，和朋友们围炉夜话，喝酒烤茶。一宿之后，盆里的灰却是另一个故事的主角——它会被李建章用来制成最环保的植物釉。摒弃了五花八门的釉料，李建章选择用最原始的上彩方式，用植物釉为泥胚画上清新自然的淡妆。

这样的创作方式，让李建章为之痴迷。这样的创作方式也让他的作品有了特殊的美感，因而吸引了许多的慕名者前来购买他的作品。

除了坚持不用工具，纯用手捏之外，李建章更坚持使用柴烧方式。而柴烧让他的创作增加了许多难度。

大理地区因为雨水多，窑上的柴火经常是潮湿的，使得烧窑的日子只能一拖再拖。柴太湿会影响烧窑的温度变化，直接影响了陶的烧成效果。

除了湿度，影响烧窑的因素还特别多，比如节气。中国的节气一直是大自然变化的节点，也是气候变化最剧烈的时刻。据说过去的老陶工烧窑，选择入窑的时间，总会刻意避开节气前后。

李建章说："就像今年大理雨水特别多，从农历五月烧过一窑之后，雨就断断续续没有停过。屋顶的防水出了问题，室内某处一到雨天就漏下水来。这样的天气，捏好的陶器干了又湿，始终不能找出一天来上釉。"

虽说下雨令人烦闷，并影响工作，但是他的老师晏子却有不同的想法。

李建章说："晏子老师说，将来有一天有了自己的房子，就把屋顶戳个窟窿，下面摆个大缸，坐下来听雨滴声发呆。这样的心境让我领悟到，生活之中处处皆是美，只要有颗欣赏的心。"

话虽如此说，但是封窑开烧以后的那几天，"自己的心情应该跟在产房外的爸爸差不多吧。"李建章说。

柴烧这件事，真是如古话所说，只能"尽人事听天命"。是否成功，只能交给老天爷。但是，就像天有不测风云，人有旦夕祸福。2017年春节前的那一窑，李建章花了四个月时间制作的陶器，几乎全军覆没。

"看到出窑后的惨状，真的快要崩溃了。"李建章说。

"这个经验也给我了另一种领悟：一切还是要顺其自然。结果重要，过程也重要。面对失败要有晏子老师面对雨滴那种豁达的审美情绪。"李建章说。

生活的形式，决定生活的内容

也许因为曾经在城市的生活激烈厮杀过，李建章很喜欢将现在的生活与过去比较，甚至充满了惜福的感悟。他说："城市的生活让人练就一双紧盯结果的双眼，仿佛目标和自己之间是一条笔直的大路。现实的人生，却常常是蜿蜒的小径，红色的泥土烧出来的陶器是黑色的。因此，不必看得太远。做陶艺应该从蹲下身来观察身边的野花以及脚下的泥土开始。"

因为有了这样的觉悟，李建章在大理的生活十分悠闲。他经常在山林间散步，摘摘野花、看看风景，有时不知不觉间就翻过了一座山，来到了另一个村落。有时候和大树底下的乡下人聊起天来，就忘了时间。

在山里四处闲逛随手采摘了野花总需要安放。因此他的作品除了茶器之外，还有许多的花器——质朴粗糙的表面，有着手捏

①②
③④　①、②、③、④手捏花器

痕迹独特的美，插上了山野花、山野草特别养眼，不仅浑然天成，更能让人瞬间安静下来。

　　"所以，生活的形式也同样会决定生活的内容，生活的状态必然影响作品。"李建章说。

　　"我曾和转转会的女主人成琳博士聊起，国外手作人与国内的差别。她说国外的创作者特别保护自己的生活状态：不接超负荷的订单，爱护让自己舒适的生活节奏。正是这些生活状态，才让他们的创作一贯保持品质。"

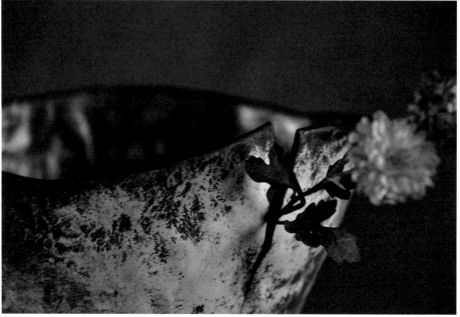

①
—
②

①、②手捏花器

跟着节气过日子

春

因为更重视自己的生活与工作状态，李建章对每一件作品都倾注了特殊的感受和热情，因此他所创作出来的每一件作品都与众不同。

生活缓慢下来的李建章，对于时间以及人生有着不同的理解。

他说："刚刚烧出来的陶器，看上去有一种烈火烧过的又生又燥的气息。你把它们摆在阳台上，接受风吹日晒雨淋，或者把它们用来盛菜、盛点心、盛水果，一段时间过后，它们就变了，变得温润自然，不那么扎眼。这个就是时间的魔力。"

"无论成功或者失败，只要做喜欢的事情，总会有收获。惨烈的失败也会赏你一记耳光，告诉自己这个平凡的人类，不要得意膨胀。活到这个年纪，越来越能对各种事情选择接受。事情出现了，总有机缘，不必激烈对抗。好的坏的，美的丑的，都有充足的理由存在。"李建章说。

李建章最后说："今天的我很难想象自己过去的生活方式。有时回首一望，发现自己已经改变很多，甚至不是同一个人。想起过去的生活，十几年来，每天盯着电脑屏幕，做不完的工作与方案，总觉得时间不够用。但是，现在的自己却十分平和，总觉得每天都有许多有趣的事情值得期待，也不觉得时间不够用。"

"与其说我创作了这些陶艺的作品，不如说它们塑造了我。"李建章说。

这罐野生蜂蜜，
只为最初的纯正

◎ 有一种事业，非常甜蜜，却要饱尝各种心酸，你会做吗？

『吾禾』的创始人许春香说：『再辛苦也要做，我愿意做大自然的搬运工，把大自然最美的馈赠分享给大家。』

许春香的家在云南西南边陲的一个大山中。那里高峰林立，深峡纵横，流水潺潺，有着独特的温暖湿润气候。

为了寻找最好的蜜源，她长期住在深山里面，钻研祖辈教授的养蜂方法，并严格按照上古的传统来取蜜。

她说，时间宁可长一点，产量宁可少一点，也要用良心给自己的土蜂蜜达到最好的品质。

甜蜜的伊始

2015 年，许春香跟母亲回云南景东老家探亲。去姨妈家做客时，姨父端上一碗半结晶蜂蜜和一筐山核桃。在冬日温暖的阳光下，姨父把核桃逐个敲碎，然后挑拣核桃仁蘸蜂蜜食用。蜂蜜的清甜和核桃的香涩纠缠在一起，这种简单原始的食用方式，瞬间点亮了味蕾，让不爱吃甜食的许春香充分享受了自然的味道，也从此念念不忘姨父家特别的下午茶。

聊天中，姨父指着门前台阶旁上百年的老树说，旁边那个蜂桶便是驯化后野生蜜蜂的家。山里人不会刻意去购买什么营养品，这蜂桶里装着的蜂蜜，在姨父看来是最好的滋补品。临走时，姨父送了许春香一罐蜜。

从那以后，这罐宝贵的蜂蜜便自动保存在她的食物备忘录里。

整个春天只能酿一次封盖的成熟蜜

蜜蜂的存在已经有一亿四千万年的历史。曾经，野生蜂蜜收

跟着节气过日子 春

大挂蜜

割是获得蜂蜜的唯一方法。在蜂房被设计出来并安放在大型养蜂场后，野生蜂蜜收割行业就日渐式微了。

孟连，地处云南省西南角，也是中国的边境。一年四季，这里花开不断，总是这种花未凋谢另外一种花又盛开。在幼蜂成长的五月，野生蜂蜜是当地绝顶的美味。家家户户都要从街上买些捕蜂人的野生蜂蜜回家食用。野蜂采得百花成蜜，闻着清香，入口甘甜浓郁。对饕餮客来说，这是不容错过的滋补佳品。

与蜂场饲养的蜜蜂不同，许春香的"吾禾"做的就是野生蜜。野蜂大多巢居在树洞、石洞、土洞中。在野蜂出没的山区，生活着一群以找蜂为职业的人。他们是"吾禾"的找蜂人。这些找蜂人，每年从春天树叶发绿时就开始上山找蜂，一直要找到六月。一旦

①|② ①、②割蜜

找到排蜂巢，他们会先用烟把蜜蜂熏走，以防被蜜蜂蜇伤，然后再爬上树割蜂蜜。

纯野生蜂蜜不像蜜蜂场蜜那样一年四季皆可以生产，野生蜂蜜一年中只在春天割一次——整个春天只能酿一次封盖的成熟蜜，产量极其低。每次找蜂人只取三分之二的蜜，这样第二年才能再割取新蜂蜜。蜂通常会找寻石缝或者屋檐瓦孔躲藏起来，直

跟着节气过日子　　　春

土洞蜜

待来年再出来做巢。

　　许春香说："每年上山找蜂蜜也就个把月时间。6 月过后，幼蜂在成长中需要吃蜜，就没有蜂蜜了。"同时随着五月雨季的到来，蜂蜜的纯度会受到影响，所以四月份的蜂蜜在当地人眼中是成色最好的。

<table>
<tr><td>①</td><td>②</td></tr>
<tr><td>③</td><td>④</td></tr>
</table>

①、②辛勤的找蜂人风餐露宿无苦不吃

③、④香远益清的野生蜂蜜

跟着节气过日子

春

为了蜜蜂三万次才创造出的结晶

　　"常夏无冬，一雨成秋"的孟连，成为小黑蜂、马叉蜂、土蜂共同的"伊甸园"。各类蜂群在繁盛茂密的雨林庇护下生生不息，雨林成为野生蜂的源头。其中被当地人称为小黑蜂的蜂种属远古遗留，分布极其稀有。

　　"吾禾"的野生蜂蜜，是春季原始森林的小黑蜂酿造的花蜜。这种蜂蜜，无论是营养还是口感，都与野生蜂蜜有很大的区别，属天然成熟蜜。天然蜂蜜有微观纹理的晶粒、乳状，包含小颗粒、蜂胶、蜂花粉微粒以及一些蜂巢和折断的蜜蜂翅膀碎片。未过滤的天然蜂蜜湿度较低，一般在 14% 到 18% 之间。同时，这种野生蜂蜜含有真正的"芳香"，香远益清，一闻便知与普通蜂蜜有区别。野生蜂蜜的抗氧化水平很高，通常会在 1-2 个月内结晶成颗粒，并有像人造黄油一样的浓度。

　　一只蜜蜂穷其一生所生产的蜂蜜仅有一茶匙——这是它们在花与蜂巢之间往返三万次才创造出的结晶。为了这三万次才创造出的结晶，许春香一直奔走在甜蜜的路上。

为了找到
最好吃的
一粒芝麻

◎ 如果仅从外表来看，小江像个

土生土长的北方男孩，身材健硕，

皮肤黝黑。但一口字正腔圆的翘舌

音，显然不是北方人容易学会的。

江训才，江西鄱阳人。他为了

找到全中国最好吃的一粒芝麻，义

无反顾放弃高薪体面的律师工作，

单枪匹马回乡创业。

做第一个吃螃蟹的人，做别人

没有做过的事，小江有勇气也有信

心。他相信：创业路上，只要方向

对了，坚持下去就会成功。

最好吃的芝麻，产自鄱阳

小江从小在江西鄱阳长大。鄱阳县位于江西省东北部，属典型的中亚热带季风区，热量丰富，雨量充沛。鄱阳种植黑芝麻的历史悠久，因品质好而闻名全国。

因为鄱阳有着得天独厚的地理环境，所以中国最好吃的芝麻产自鄱阳。

去外地读大学时，小江发现很多粮食店铺打着"有机芝麻"的旗子卖价不菲。但事实上，在江西人的观念里，鄱阳黑、都昌黑才是全世界最好吃的芝麻。

很多人不知道鄱阳芝麻。于是小江在心里埋下念想："总有一天，我要让大家知道，哪里的芝麻是最好吃的。"

每一样好吃的食物，其实都不简单

大学毕业后，小江在大城市里做过律师和农产品销售，由于踏实肯干赚了一些钱。但正如王家卫在电影《一代宗师》里说的，

"念念不忘，必有回响"。当年心里种下的那棵草，小江经再三考虑后决定拔掉。

江西出产黑芝麻历史悠久，自唐朝起即有种植，且很早就名扬海内外。据史料记载，古饶州府（今江西鄱阳县）盛产芝麻，以其颗粒饱满、纯黑有光泽驰名中外。

一粒芝麻，就是小江创业的品牌。"芝麻小得不能再小。但我想把食材背后的故事找出来，让大家知道，每一样好吃的食物，其实都不简单。"

鄱阳本地掺芝麻的爆米花糖，属于江西都昌、鄱阳两地的特色零食，芝麻片里面使用了本地糯谷的爆米花，吃到嘴里香酥脆，以前农家大多留给自家人享用，外人吃到全靠运气。

小江说："本地做爆米花糖是一个古老的传统手艺，一般是先熬糖——熬制的是麦芽糖，再加入花生、芝麻、爆米花之类的搅拌。一块爆米花糖，需要八道工序，蒸煮、熬制至少十一个小时以上方能制成。融合黑芝麻的糖膏全得亲手用麦芽熬制，添加芝麻的比例十分有讲究。从熬制到切块，全部得靠人工操作。"在鄱阳县西分村做芝麻糖的手艺人各有绝招，且密不传人。

老品种旧味道，追求从未停止

黑芝麻属于喜阳怕涝的植物，生长期间需要一定的日照、积温、降雨量。黑芝麻种植最大的难点在于防治真菌病（俗称发瘟病）。目前尚属世界难题，无药可解，芝麻田一旦爆发瘟病，也只能减产。

目前小江组织合作社种植，并邀请鄱阳县农业局农机推广中心的老师提供技术指导和培训，与农业局正式达成专项指导协议，且已经开始申请绿色食品认证，在产地进行规范种植和科学种植探索。

虽然黑芝麻的品种有很多，但经过与全国农产品对比，口味

春

① ② ①混合麦芽和熟糯米 ②正在发酵
③ ④
⑤ ⑥ ③挤压榨取麦芽糖水 ④熬麦芽糖水

⑤混料 ⑥熬麦芽糖

最佳的还是本地老品种"鄱阳黑""都昌黑"。小江说："我们本地的黑芝麻属于细小粒的老品种黑芝麻，口感香气十足，不涩口。而国内很多有苦涩味的黑芝麻大部分是从非洲等地进口的品种。进口的黑芝麻表皮残留物质导致了苦涩。这是品种问题。"

小江的一天天就在种芝麻、选芝麻、开发芝麻中度过，只为

跟着节气过日子

春

①	②
③	④

①、②开花的芝麻

③丰收的喜悦

④收割芝麻

了证明，这个世界上最好吃的芝麻真的是有故事的。这样的美食，不应该被冷落、被误解。

小江的黑芝麻最终在鄱阳湖爆米花糖这款小零食上获得用户和粉丝们的认可，好评纷至沓来。市场的反响和小江预想的一样：人们迫切渴望品质真正好的东西。

春 分

①③ ①、③加了黑芝麻的鄱阳爆米花糖，香甜酥脆

③④ ②、④鄱阳黑芝麻

跟着节气过日子

春

沿着爆米花糖的成功思路，小江最终确定专注鄱阳湖黑芝麻系列营养滋补类农产品开发的方向。鄱阳湖地区的黑芝麻种植普遍在6月下旬，大约国庆期间收货。从最初的5分试验地到2017年的70亩，直至2018年的200亩，小江的团队已经完成了本地示范效应基地的建设，并且已经开始筹备黑芝麻初级筛选工厂。

探索与开发，守望从未改变

作为一名"80后"的家乡才子，小江奔走过很多城市。都市的繁华和故乡的宁静有强烈的反差，他对故乡的期望却永远是最真诚的。这真诚用诗人艾青的话说就是："为什么我的眼里常含泪水？因为我对这片土地爱得深沉。"

如今，在小江不大的办公室里，总有一股若有若无的甜味。

门口处是一张茶桌，有人来先喝茶再聊事。只是搭配的茶点，不是常见的蛋糕西饼，而是他的芝麻零食。用它来做茶配，居然刚刚好。

他把家乡的芝麻融进了中国人的茶文化中。两者皆不辜负，也是心之所至。

以情为料木为碗，
留住生活本来的味道

◎ 未来的家，一定要有开放式厨房：要有原木浅色大方桌；两套原木餐具，一块海军蓝的方格餐垫；还要有一壶冒着热气的柠檬水，和一块橡木砧板盛放着的全麦面包和小番茄。

当然，一定不能少了你。

我们一起慢慢地生活，慢慢地变老。

这是余隽和蔡嘉怡这对情侣对未来生活的共同设想。

远离喧嚣，安静地做一位手艺人

余隽和蔡嘉怡是一对"90后"情侣。蔡嘉怡出生在广东，从小喜欢大自然。她的童年是在乡下的小山村度过的。毕业后她在深圳的一家广告公司做平面设计，每隔一段时间就会去乡下采风。看着很多的手艺都在慢慢消失，她感到非常痛心。她想通过设计的力量，让那些手工艺成为日常器物，重新回到人们的生活之中。

余隽的专业是工业设计，毕业后他成了家具设计师。读书时他非常喜欢木头这种传统的材质，甚至他的毕业设计都是用木头来制作的。两人相见后，余隽和蔡嘉怡之间的话题多半是设计，彼此的理念也是一致的。

因为两人都喜欢木制品，于是他们在工作之余就设计了一些木质的作品，找到工厂打样，但是出来的结果常常不尽人意。

"那会儿我们其实挺有挫败感，就想着不如自己学着做吧，做的过程中能更好地学习木工知识。"蔡嘉怡说。

之后，他们就开始了手工木作的生涯，从找木头和工具，到实际操作的切割、打磨、造型、拼接等，都亲手而为。

跟着节气过日子 春

黑胡桃八角盘

　　当时，他们将做好的木器作品放在微博上，没想到有不少人想要买。这给了他们很大的鼓励。后来他们开了网店，有了更多的客户与粉丝后，更觉得业余时间不够用。

　　2013年，他们辞职专心做起木器，创立了"弦-StringLife"木器工作室。

　　在这个高速发展的时代，这对"90后"的年轻人，却远离喧嚣，安静地做手艺人，在市井中的老房子中，用木头慢慢地制出自己生活中使用的器具。

　　为什么是木头呢？

　　因为在他们心中，木头是有生命的——即便它不再生长，但仍无时无刻不在呼吸，且一刻不停地与环境发生关系。

　　而手工刻凿的痕迹，最能呈现纹理与瑕疵的天性，从而让使

用木器的人感受到温暖，透过肌理与手作人心意相通。

关于"弦"的由来

余隽说："弦，本是一个物理学概念，描述的是万物本质的真相。而我们的造物，则希望物能回归其最基本的功能，来营造一个清净的居所，能与使用者一起生活、一起老去。"工科出身的他被"弦理论"中这种美妙而玄幻的描述所吸引，因而把这个"弦"字作为工作室和品牌的名字。

在他看来，家本身也犹如一个小小的宇宙，充斥于生活中的木作器皿，达到内在的平衡、统一。工作室的作品都是日常器皿，如碗、盘、砧板等，但细节却透露出两个人对生活点滴的细腻考量。他们会反复试验一个器皿最适合手捧的弧度。

余隽认为自己即将要做的是造物者的角色，所以希望这些基于生活所需而产生的器具能回到万物最初的本真，与使用者一起生活、一起老去。

工作室成立的最初，把家里的杂物间腾出来做成简易的工作场地，这才勉强放下买来的木材和工具。

"没有大型机具，木盘子是一刀刀挖出来的。挖出来的是一片片木块，粉尘相对比较少，但是每个盘子的诞生都是非常漫长的。"余隽说。

没有设计的设计，便是"弦"

经过一年的摸索和学习，他们的手工木作开始在圈子里小有名气了，木器的销量也上去了。于是两人搬到了位于广州陈家祠地铁站附近的一个老居民楼里面，其品牌工作室也正式诞生。

在这个破旧的老居民楼里，他们用粗犷朴拙的刀刻木器，探寻着手工艺与现代美学的结合。然而创业的开始总是艰辛的。对蔡嘉怡来说，学习木工最难的是克服使用电动工具的恐惧。看着高速旋转的刀具，她总害怕稍有不慎手指头就会没了。她花了很长时间才克服这种恐惧。不过亲自动手打造这些木器，磕磕碰碰弄伤自己总是家常便饭。

他们的木器都是手工凿刻的，是一刀一刀、一板一眼地雕凿出来的。即使只是一个木盘，为了呈现木头的天然纹理，也必须反复雕凿打样，直到质感平滑、形状满意为止。

经常有拜访者问："刻一个盘子到底要多少刀？"他们答曰：

①|② ①、②、③、④器物的车旋过程
③|④

跟着节气过日子 春

"一卷一刀，一刀一卷。"

正如余隽所说，"那些痕迹能让使用者感受到手作的温度，每块木头都独一无二，木纹不同，对不同的纹路也要进行不同方式的处理"。

"弦"的作品除了现代设计感强之外，还有粗犷朴拙的手作刀刻感。在余隽眼里，作品上面的每一刀都反映着作者的欲念与心境。

雕刻重在观察与经验积累。从拿到木头那一刻开始便要思考，当真的能静下心来去感受手作、感受材料时，会有一种与宇宙万物同在的感觉。他们在器物里留下刀纹，觉得器物应该像制作它们的人一样，拥有自己的小脾气与任性，但并非刻意雕琢，恰好是不经意留下的，索性让它保留下来，于是那一件件木器便有了自己的性格。

"木头也没有规定说表面非得要光滑的不可，刀纹其实也可以看作是一种表面处理或者是一种肌理的呈现，是工艺，也是美学风格。"

他们工作室的木器作品简洁、安静。

蔡嘉怡说："我们深信有些物品的禅静是其自内而外的属性。这种禅静让物安静地置于空间中，围绕其最质朴的功能自然而然地产生形态，不为造型而造型，不需要任何装饰，也没有一大堆的故事烘托，物品自己便能讲述其所有。"

只是待在那里，自己说着故事，没有设计的设计，便是"弦"。

器物虽静，却是手艺人对自我状态的真实呈现

他们认为美的内核应该是"未完成的"，所以有时碰到一些残缺的木材，余隽不会直接扔掉，反而会想办法最大限度地改造和使用，或者将其做成形状相近的器具，让它们以新的姿态延续

①	②
③	④

①木器作品组合

②银杏叶筷子架

③大拙黑胡桃圆盘

④大拙樱桃木圆盘

之间花器

着各自的生命。

尊重事物本来的样子，是余隽和蔡嘉怡一直坚持的创作方式。

"我们爱木头，希望在生活里的每个时刻都有木头陪伴。宁静祥和的木器能无声无息地存在于我们生活中。" 蔡嘉怡说。

和木头在一起，触摸着它，用刻刀、小锤把它们一点点制作成自己想要的东西，并与木头共同感受世间万物，余隽和蔡嘉怡是享受的。

手艺倾注的是投入的感情和时间，微小而珍贵。器物虽静，却是手艺人对自我状态的真实呈现，而工作室的每一件作品，都有着丰富流动的生命力。

一只美好的食器，与你一起融入生活，为你留住的是生活本来的味道。

清明时节雨纷纷，
路上行人欲断魂。
借问酒家何处有？
牧童遥指杏花村。
——《清明》
（唐代 杜牧）

清明

清明节又叫踏青节，在仲春与暮春之交，也就是冬至后的第 104 天。清明是中国重要的传统节日之一，是祭祖和扫墓的日子。

中国传统的清明节大约始于周代，距今已有两千五百多年的历史。《历书》记载："春分后十五日，斗指丁，为清明。时万物皆洁齐而清明，盖时当气清景明，万物皆显，因此得名。"清明源于"清明风"。《国语》记载，一年中共有"八风"，其中"清明风"属巽，即"阳气上升，万物齐巽"。

清明前后，春阳照临，春雨飞洒，自然界到处呈现一派生机勃勃的景象。

春到人间草木深，是一种人与万物万事等量齐观的平等之爱。它打通了人与物的阻隔，拓展了爱之疆土，让人感觉世间存在的一切都相得益彰。

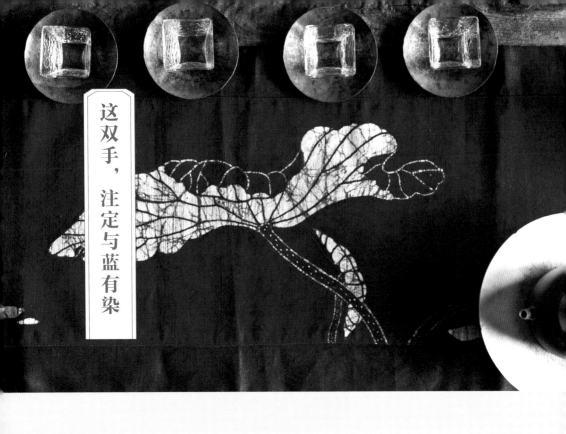

这双手，注定与蓝有染

◎ 我需要，最狂的风，和最静的海。——顾城

一望无际的蓼蓝原野里，深紫色的叶子，绽放着或红或白的朵朵小花。开始闷起来的夏，或许只有令人沉静的蓝可抚慰一下不安的浮躁情绪。加工好染料，接下来便需要开始浸染了。浸染的过程本身就有大自然的创造力在其中。对于图案和渐变的效果，无法准确预先捕捉，这恰是蓝染的美妙所在。

倾听染水的心事，体察染水的情绪

有个从事手作的年轻姑娘，她的爱宠是一缸散发着奇怪气味的染水。她把这缸水从贵州千里迢迢背回石家庄还不算，而且需要像照顾孩子一样去呵护、去"喂养"。听到这里，你是不是差点要惊掉下巴？

"可这缸水的确是有生命的。它会闹情绪，会生病，会水土不服，甚至会死去。当它开心的时候，染出来的颜色就透亮好看；当它不高兴了，染出来的颜色就是乌糟糟的，甚至根本染不上颜色……"蓝染手作人陈丽告诉我们，"蓝色是蓝染的灵魂，而深深浅浅的蓝色足有三十多种。它们决定了一块布的生命，而颜色的生命又是由染缸赋予的，所以需要我们静下心来，去和染缸沟通，倾听染水的心事，体察染水的情绪。物我一体，出来的作品才是有感情、有温度、不可替代的那一件。"

| ① | ② |
| ③ | ④ |

①、②、③、④蓝染围巾

流淌着"去野"的因子，爱上蓝染生活

扎染，是蓝染中较为普遍的一种染色方式，很多人对此都不陌生。将织物扎好后进行染色，拆除扎线后，织物上即会出现意想不到的花纹。原理很容易说清楚，步骤也简单明晰。可是，怎么扎？用什么扎？扎成之后什么样？里面乾坤很大。染哪里？染多少？染完之后什么样？其中奥秘很多。陈丽接触扎染差不多是从 2014 年创立"善本源"品牌开始的，时间并不算很长。然而她却成竹在胸地表示：乾坤再大，大不过自己灵巧的双手；奥秘

再多，多不过放飞自己时无拘无束的想象。

彼时她在高校任教。安稳的职业，内心却明白自己血液里一直流淌着"去野"的因子。学校有一门专业选修课叫民间美术，就是这门课让陈丽邂逅并爱上了蓝染。为了给学生上好这门课，她一次次深入云南、贵州的深山老林，去了解那里原生态的染制技术。这样，她就难免经常在苗寨用餐。吃不惯当地的鱼腥草，她就用生蒜蘸酱油配米饭；听不懂苗族老人说话，只能一边比划一边猜。为了向这些老手艺人尽可能多地学一些，陈丽就模仿他们去做。记忆最深的一次是大雨天进入黔东南的一个村寨，不到两米宽的山路湿滑难行，路边就是悬崖。而作为外乡人又是女性，按当地风俗不可留宿在村寨，只能白天进村傍晚回镇。这一来一回就需要三个小时。

①②③④蓝染作品系列

跟着节气过日子 春

　　这一切都没能磨损她在扎染上的精进之心。很快陈丽便决定做出了本文开头说的那件不可思议的事情：从贵州大老远背了一缸染水回来，还要每天精心"喂养"靛膏，其实就是调制染料。"为了染布的时候能够得到最美的蓝色，喂多喂少都不行。"她说，母水的重要性怎么强调都不为过。她想让这缸母水在异地生根开花。

变化无穷的蓝，遇见内心的美好

　　染料的制作过程始于靛草的茎叶。植物中所含的化合物将最终产生浓缩的着色剂。为了诱导发酵，人们用碱液、麦麸、熟石灰混合堆肥叶子，在几个星期中，混合物必须一直保持温暖，有时需要用棉被覆盖大桶。

　　这个结果是不可预知的（这也是有些人觉得天然染料是活物

①②
③④　　①、②、③、④蓝染作品系列

的原因），所以传统工匠往往祈求神灵来保佑成功 。爱之花（靛蓝花） 如果出现在液体的表面上，就是成功发酵的迹象 。

　　一块手工织就的土布，要染制至少七遍，需要反复晾干再上色，让染料和织物充分亲近，你中有我，我中有你，从此再不容易分离。

这一步完成之后是脱蜡，总共也要进行三次。行里有句话："腰断，蓝成。"说的就是这从头到尾的艰辛。"其实最大的困难还是在干燥的北方模拟南方潮湿多雨的染色环境。我回到石家庄后因技法不熟失败了两次，于是反复向村寨老染娘讨教，逐个环节排查问题。"陈丽说。

按说这样边摸索边创作，成功创作出作品已属不易，但陈丽却并不想仅仅复制传统图案和用色方法。"传统扎染大多染成同一种调调的蓝色，缺乏情感与故事性；图案都是本民族的动物或民间故事。这样的作品跟本地区之外的人难以产生共鸣，也与现代社会存在一定的脱节。"陈丽的蓝，是变化无穷，让人捉摸不透的。它化身为兰花、荷花等传统扎染未曾尝试的图案，出现在窗帘、床品、桌旗、杯垫、靠枕、电脑包上。她甚至还亲力亲为打造了一间模拟南方环境的小院式小染坊，希望这里可以成为所有人亲近手工扎染的工作坊，在体验手中开出蓝染之花的同时，更重要的是遇见内心的美好。她说："就仿佛回到淳朴的苗寨：从河里捞上来的鱼稍微收拾一下就是美美的鱼汤；园子里的野菜摘上几把就能尝到最应季的清鲜；微雨中戴上斗笠，和姑娘嫂嫂们泛舟山水间。这是最原始朴素的生活情态，但内心却是最丰盈的。"

而今，每当一块喝饱了蓝色染料的织物被松绑，陈丽特别享受内心随之释放的那一刻。她会像孩子一样跳起来，也会像迎接自己孩子诞生一样发自内心地笑出声来：又是一件独一无二的作品！原来它这么美！而且，美有那么多种不同的姿态，永远看不够，永远看不厌！

现在的陈丽，生活在一方小院之中，似乎也没有离原来的生活环境太远。她说："按照自己喜欢的方式去生活，是最容易感到幸福的。"

把古瓷片写进诗里

◎ 中国是陶瓷文化的发源地，景德镇是中国的瓷都。

景德镇陶瓷馆是每个到这里的人必看的地方。馆内珍藏有古代陶瓷数万片，古今陶瓷珍品两千五百余件，从五代到现代各时期代表作均有。当年，歌歌的母亲在景德镇陶瓷馆里工作，歌歌顺理成章地成了这里的常客。别人的童年是在大白兔奶糖的陪伴下度过的，歌歌的童年则是在元代的青花、明代的釉里红、清代的粉彩中度过的。

这注定了歌歌与古老的瓷器有着割舍不断的缘。

千年后，你在我掌心轻抹尘埃

歌歌之所以会痴谜于收藏古老的瓷片，是因为喜欢，也是天性使然。

1993年，正值花样年华的歌歌还在上大学。但除了正常的学业，她已经开始为台湾企业做产品设计。做产品设计不仅可以让歌歌的才华得以施展，而且每月可以拿到三百元的工资——这在当年看来是非常丰厚的一笔收入。一般的女孩子有了钱，大多会去买漂亮的衣服。可是歌歌在每个月拿到工资的日子，总是会一头扎进古玩市场，不是去买古董，而是去买当时并不为大家熟悉的古瓷片。

光阴飞逝，歌歌大学毕业了，有了一份稳定的工作，但是买古瓷片的习惯一直没变。古瓷片就像一个神秘的黑洞，不断地把她往里吸。家里堆满了瓷片，车库也用来放瓷片了，到最后还租了个仓库。好的精品瓷片越来越少了，想买好的瓷片要上拍卖会了。她发现再也离不开瓷片了。

这么多年，每每看着古瓷片，歌歌都有一种复杂的心境：欣喜、

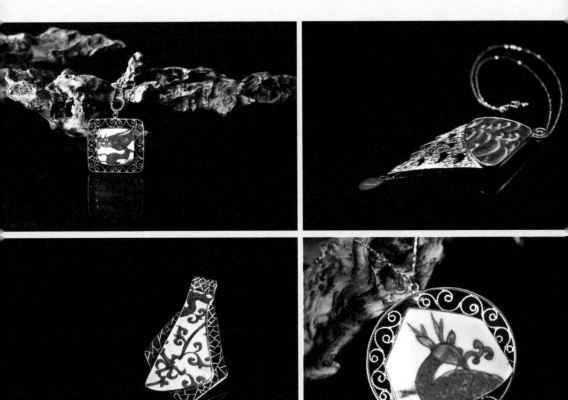

①、②、③、④古瓷首饰作品

激动、赞叹，还有一丝淡淡的乡愁。抚摸着它们，她感到时间似
乎在宋、元、明、清的勾描中完成了永恒。

　　歌歌视老瓷片为知己、为情人。她一直想为它们写首小小的
诗。终于有一天，她饱含深情地写下了这样一首诗：

邂逅时光中的你——忆千年

千年前

你在那里

被时光遗忘

不语 不争

千年后
你在我掌心
轻抹尘埃
舒展 呢喃

千年来
春夏秋冬
你的锐角早已不再锋利
风霜雪雨
你的笑容却依旧荡漾

不知从何时起
你在一个叫景德镇的地方
沐了一身宋元的明月
浴了一身明清的风霜
不知从何时起
你用一笔一画勾勒了中国
用一枝一叶续写出永恒

许是千年前的一场约定
许是百年前的一句承诺
许是这一刻
青花绽放
粉彩嫣然
你虽不争
我早已心随

今日
你的美艳虽不及鬼谷子浓烈

歌歌、邹勇夫妇

你的线条也不似鸡缸杯娇柔

而你却似穿越千年而来的绝美女子

演绎着古镇

千年的故事

千年的美

对歌歌而言，老瓷片是儿时美好的记忆，更是一种文化价值的存在。

千年古镇的最美礼物

老瓷片，有火的刚烈、水的优雅、土的敦厚。它放在那里，不说话，就自带一种贞净的美。这种美总是在不经意间就打动某个人——老瓷片竟然为她牵了一条红绳，让歌歌遇见了她的爱人邹勇。

当年毕业于计算机专业的邹勇，有着人人艳羡的高薪工作，但是这个"IT男"却偏偏"不务正业"，像歌歌一样痴迷于老瓷片。对他而言，老瓷片像他的前生，而歌歌就是他在佛前求了五百年的今世。

"每个瓷片都是独一无二的：青花的端庄，粉彩的秀丽，斗彩的艳丽，青花釉里红的高贵，暗刻瓷的精细典雅……这些瓷片可以任意组合，做成配饰。每个瓷片都像是古老世界留下的时光胶囊，里面记录了许多值得追寻的历史线索。"这是老瓷片让邹勇迷恋的原因。

为了寻觅这个有趣的历史线索，也为了给收藏多年的老瓷片一个新生的机会，邹勇毅然放弃了国企高管的职位，和歌歌一起开创了以瓷片重生为主题的事业。

10年前，当古瓷饰品还未流行，很多人还不知其为何物时，他们就已经开始尝试自己去设计制作了。制作的初心很简单：他们希望更多的人看到这一枚枚古瓷片的艺术价值，从而感受到这种质朴且厚重的中国之美。

8年前，邹勇和歌歌拥有了自己的品牌——"忆千年"。它缘起于他们出生长大的那座城市——景德镇。

从公元1004年，宋真宗把年号赐予了这座城市后，景德镇便有了一千年的历史、一千年的文脉、一千年的故事。这些在他们眼中都值得记忆，值得回忆，而"忆千年"这个名字或许正是这座千年古镇留给他们的最美礼物。

歌歌和邹勇的"忆千年"古瓷首饰，以宋、元、明、清古瓷片为主体。最早的瓷片为一千年以前的北宋青白瓷，饰品以银饰为装饰。开始的手工银饰制作让他们费尽周折。歌歌设计完成后交由银饰师傅制作，总是会与初衷相差不少。邹勇看在眼里急在心里，毅然决定从学徒开始，慢慢学习这门技艺。

"IT男"不乏智慧，但是说到动手能力还真是"笨手笨脚"。

邹勇永远不会忘记近四十岁的他当学徒的日子。那时他与十几个不到二十岁的毛头小伙子蜗居在一间房里睡高低铺。那些毛头小伙子的手像被施了魔法,基本上一学就会,而邹勇手拿瓷片总是不知该从哪里入手,惹得那些"小师弟"总是惊诧地看着这位"大师兄"。但邹勇认准的事,十头牛都拉不回来。经过认真观察学习,他发现古瓷片本身都有容易损坏的特性,一旦失掉原有完整的品相,无论曾经价值几许,其价值便大打折扣了。但是,即便是损坏的瓷器,有些还是会保留较完整的图案和设计的特点,可以代表一个时期的工艺水平。特别是一些历史名窑的瓷器残片,更是如此。邹勇根据每个瓷片的特点,加上自己的文化创意,很快便运用传统的手工技法,使得残损的老瓷片获得了新生。拿着自己亲手制作完成的瓷片饰品,邹勇流下了激动的泪水。

柔美与静逸，传达对时间的敬意

不经历风雨怎能见彩虹？正是邹勇这一段不平常的手艺人经历呈现了以后不一样的"忆千年"——它既具有中国传统艺术的韵味及内涵，又加入了时尚与现代的元素，别具匠心，不落俗套。一路走来，"忆千年"品牌也在慢慢被更多人熟悉和喜爱。"忆千年"古瓷片艺术品也在不断地自我完善：2013年一举获得江西省首届旅游商品设计大赛特等奖；2015年又现身意大利米兰世博会，成为最受关注的首饰类艺术品；2017年更是进入英国伦敦时装周，并多次成为经贸代表团出访各地的纪念品。

当下珠宝首饰行业正大量被国外品牌占据。歌歌和邹勇希望"忆千年"古陶瓷用其无声的柔美与静逸，传达对时间的敬意，从而让世界在这一抹青花中了解中国，而瓷也在这一抹青花中与国同名。早在2012年，他们更是率先提出了"中国人文珠宝"

①|② ①、②、③、④每一件手作古瓷片，都带着柔美与静逸
③|④

的首饰概念。

你只需要静静地看着陶瓷，便可聆听到历史的乐章。从古到今，古瓷片像是串起这乐章的一个个跳动的音符，让听的人如痴如醉；古瓷片又似一位美丽舞者，用柔美在一枝一叶中勾勒着中国颜色，用曲线在一笔一画里续写着中国传奇。

深入大山，只为追寻
古茶树上那片鲜叶

◎ 人称『拙哥』的茶人吴锡惠，二十年前开始爱上喝茶，且爱上了就割舍不下。

茶让他品出了甘甜、苦涩、柔和，亦让他品出了欢喜自在。此后，他花了十年的时间，遍尝绿茶、黄茶、白茶、青茶、红茶、黑茶等天下名茶，到了痴迷的地步。

在吴锡惠的眼里，每个品种的茶都有极品，而喜欢哪个茶类，要看个人的喜好，也会掺入品茶时刻的心情。不同的茶，在不同时刻会带给人不同的感受和理解。

他眼中真正的好茶来自大山深处，有种、有根、有系，有独特气质——它就是生长在彩云之南的大树普洱。

抱朴守拙，不忘初心

2008 年，吴锡惠几经考察，决定将手头的存款都投入大树普洱——老班章的专营事业中。这一做就是十年。

然而，在普洱市场上，吴锡惠发现各种山头茶存在混乱拼配的问题，拼配的后果是品质不纯。真正的茶人都有一颗向善、向好的心，吴锡惠也不例外。2017 年他决心打造一款纯正原料的品质茶，这即是"拙阅茶"。喜欢"拙阅茶"的茶友，都亲切地管"拙阅茶"叫"卓越茶"，因为他们熟知吴锡惠为之付出的努力。

"拙阅茶"，是他跑遍云南各大茶区，为茶友精挑细选的纯正山头茶，包括勐海区的"老班章"，勐宋区的"那卡"，南糯山区的"南糯"，易武区的"弯弓""曼松""百花潭"，临沧区的"冰岛五寨""昔归"，原始森林保护区的"国有林"等。

吴锡惠说："我选择的茶必须在色、香、味兼具的条件下，还有山韵味。在热带密林中，我精选海拔 1800 米、树龄 200 年以上的优良古茶树小批量精制，保证其山野气韵，让人最大限度地体验最原始的丛林气息。每个山头的山韵都不一样，比如'那卡'

老班章

不仅处于原始森林中，茶树周边还密布山岩，有独特的'岩韵'，好比武夷山的'岩茶'之香。"

之所以取名"拙阅"，吴锡惠说："'拙'字代表了我虔诚的做茶之心。我希望抱朴守拙，在丰富的行业积累下提供专业推荐服务，供爱茶、懂茶之人选择。"

而"阅"呢？吴锡惠说："'阅'字则有三层含义：其一，阅天；其二，阅地；其三，阅人。"

其一，阅天

采茶与制茶，有严格的天气要求：采茶前七八天，不能有雨水；晒茶的一整日，需要大晴天。否则，一旦土壤和茶叶中含有过多水分，营养物质、香气口感和品质都将大打折扣。

老班章茶王树

茶谚有语："惊蛰过，茶脱壳；春分茶冒尖，清明茶开园。"

茶人常言："茶以春为贵。"春分时节气温适中，茶树吐出新芽，叶芽肥硕，浓绿柔软，茶多酚、维生素和氨基酸等各种营养物质含量高，鲜活的嫩叶香气扑鼻。在出现"倒春寒"之前，是采摘和制作"春分茶"的最佳时机。

"青梅如豆柳如眉，日长蝴蝶飞"的春分刚过，北京的早春还在酝酿中，吴锡惠已进入海拔1800米的西双版纳热带丛林，到各山头寻找最优质的茶树。他手捧鲜嫩的"头春茶"摩挲爱抚，小心翼翼地嗅着这群山间仙物散发的灵气，一如泡茶前下意识地嗅干茶之香——这是一种令人痴迷的香气。

吴锡惠说："我必须在春分后的一周内，清明雨季来临前，完成高山普洱春茶的全部采购工作。清明后的茶叶，是坚决不收的。头茬茶的纯正品质不允许任何雨季茶的混入。"

其二，阅地

与台地茶、扦插茶不一样，古树普洱属于有根有系的群体茶种。西双版纳肥沃的茂密雨林、丰富的生态物种，为茶叶的生长提供了得天独厚的营养。

吴锡惠说："在我看来，根系发达的大树茶叶生长的优越环境，就如人的高贵出身一样，孕育出来的茶叶尤具无可比拟的先天优势。这取决于土壤是否肥沃、采摘前是否有大量雨水冲洗、所处的空气是否清新无污染等诸多天时地利的自然因素，三者合一方能成就一款经典名优茶。"

20世纪70年代，全国的台地茶、大树茶、小树茶都一个价，因此大树茶不受重视。为满足市场需求，许多古茶园遭到大面积破坏，被改为台地茶园。如今能保留下来的古茶园都在崎岖颠簸的深山老林里，五十公里的山路要用越野车行驶四个多小时。

有些千年古茶树高达七八米，常人根本无法采摘，只有当地身手敏捷的茶农，才能采来一片宝贵的叶子。

从寨子到古茶园，经常没有车道，狭窄的山路只能通过摩托车或者披荆斩棘步行而过。很多朋友去过一次原始丛林的茶山就不敢去第二次了，但他们都

保护区的古茶树枝繁叶茂

清明

古茶树散发的特殊香气，令吴锡惠为之痴迷

　　跟着节气过日子　　　春

希望吴锡惠能帮他们采到最原汁原味的那片鲜叶。

吴锡惠说："我更希望喜欢普洱的茶友，有机会来一趟古茶园，与古茶树来一次亲密接触，来体验它迷人的魅力，像我一样，置身其中，感受古茶树带给我的无穷快乐。"

这种快乐也是吴锡惠不顾偏远艰苦的条件，总抢先所有茶人一步，每年在春分前就深入丛林，一待就是一个月的原因。

"采得头茶，制得好茶，与人分享。我在'一山有四季，十里不同天'的丛林中，所有的山水跋涉和日晒雨淋便可泯然一笑。"吴锡惠说。

其三，"阅人"

好茶一半源于自然馈赠，一半源于人为加工。

在普通制茶的基础上，吴锡惠高价聘请高级古法制茶师，严格把控每道工序。

吴锡惠说："比如安新春师傅。他是易武区公认最好的炒茶大师，有近三十年的炒茶经验，不轻易出山。我多次登门请求，他被我的诚意所打动，才为'拙阅'专门制作普洱毛茶。"

同时，为了保证采摘质量，吴锡惠每年不仅会自己亲身前往古茶园，而且会支付茶农更高的采摘酬劳，却要求更少的数量。这样一是避免茶树因过度采摘而受到破坏，二是茶农也因此会帮他采到最佳品质的茶。

"付出更多的精力，专注于一杯醇香的普洱，我觉得一切都是值得的。"吴锡惠说。

"拙阅"普洱以新鲜的生普为主，属于晒青茶，用日晒法进行晒干制作而成：采摘到新鲜的嫩芽之后，经过萎凋、杀青、揉捻、理条等四步常规工序后，接下来就是关键的需要持续晴日的晒干环节，再经严格分选、灭菌、压制工序，才可以包装。

吴锡惠说:"我喜欢参与茶制作的各项工序。因为会做茶、会辨茶,所以我对自己的茶充满自信。"

深耕茶界逾二十年,吴锡惠希望用多年累积的专业知识与行业心得,为爱茶懂茶的朋友品鉴并分享各类好茶,希望为茶行业带来一股清流,回归初心、正本清源地做好茶、卖好茶。

其实人生如茶。吴锡惠说:"我有个比喻:茶的生长、离枝、制作、冲泡、废弃,正如人的降生、少年、毕业、工作、结婚、垂暮、死亡。有些人会永远活在人们的心中,好茶也一样,总让人回忆惦念。"

"《神农本草经》说:'神农尝百草,日遇七十二毒,得茶而解之。'"

"于我而言,茶,不光是我人生的解药,还是我一辈子的情人,需要我呵护,需要我付出真心;也是我一辈子的挚友,倾听我心事,给予我成长动力。而我对茶的钟情,一切都化在了至纯至真的'拙阅'中。"吴锡惠满含深情地说。

将野草织入面料，
留住记忆中的草木四季

Jans. fr. unis.

◎ 人活草木间，本和草木是一体的。但植物的天然材质会因为日照慢慢变色。这种色彩的变化掺入了岁月和人的痕迹，多了一些极其自然的生活味道。

其实每一种天然植物材料的取得都有故事：有的是中药，有的是净化水质的功臣，有的则是古时候中国先民的服装材料……它们长在沼泽、湖边、小路旁，静静注视着我们；它们默默无闻，却不卑不亢。

狗尾巴花开在夏天。它们在阳光最饱满的季节绽放，以此来诠释生命的辉煌璀璨。虽然没人称它为花，但有心如邹继博这样的人却称它为「夏花」。「夏花」具有绚丽繁荣的生命。它们在阳光最饱满的季节绽放，如奔驰、跳跃、飞翔着的生命精灵，燃尽自己的热情和希望，以此来诠释生命的辉煌灿烂。

虽然它是路边最不起眼的野草，但是在邹继博眼中，却最具有生命力，像他和他的「简素」团队。

大自然的馈赠，并非一岁一枯荣

邹继博出生于中国最西部的边境小城——新疆温泉县，2001年从家乡背着行囊，坐了74个小时的火车来到城市求学。

大学毕业后，他先后就职丹麦 VELUX 公司和瑞士 SILENT GLISS 公司。这两家公司都是室内装饰材料行业的跨国公司，其中瑞士的这家公司主要服务五星级及超五星级酒店，为客户量身订制室内布艺及装饰方案，国内很多豪华酒店基本都有他们的产品。邹继博当年参与的项目包括 CHANNENL 展厅、OMEGA 展厅、东方文华酒店、盘古七星酒店等。这些顶级的软装项目都喜欢采用天然材料，因为自然肌理所营造出来的舒适室内环境，让生活和工作空间变得更加舒适怡人。

"在一家好公司工作等于上了一所好的大学。那几年学到了很多东西，最重要的是形成了自己的审美观。"多年以后邹继博这样说。

其实，这些材料都是邹继博从小到大十分熟悉的自然材料。

邹继博的家乡临近哈萨克斯坦，三面环山，有天然温泉，有

跟着节气过日子 春

低低的云彩和超级干净的蓝天。他儿时家的附近有一块非常大的天然湿地，草木茂盛，在河边和湖边随处可见芦苇、兔尾草、黄麻、水葫芦等植物。这些植物是他儿时的天然"玩伴"。

"它们几乎见证了我的童年时光。"邹继博说。

大自然的馈赠，并非是一岁一枯荣。这些自然材料经过重新染色、整理、设计再加工编成织物，就可以留住夏日的美好时光。同时这些来自大自然的素材经过人为的设计，也成为顶级品牌最喜欢的材质。

缓慢专注，也是一种生活的修行

中国地大物博，有丰富的织物创作资源，光是邹继博的家乡就俯拾皆是。温泉县远离内陆城市，人口稀少，得益于国家对自然环境的保护治理，其环境一直维持了天然的原始生态。

如果能透过创新设计，让家乡这些看起来不值钱的天然资源得以再利用，为故乡的人们创造更高的经济价值，不是一件最美的事吗？这样想的邹继博，2010年辞去了让许多人羡慕的工作，成立了简素面料设计工作室。

之所以取名"简素"，邹继博说："简素＝减速＝自然＝朴素"。他坚持把更多的设计元素植入天然材料，因为人在自然界中总是会受到周遭环境和氛围的影响，从自己的内心出发，把自己的感触和情绪利用不同材质来表达，也就有了新的生命活力。

"简素"代表的更多是一种选择，一种崇尚自然的生活方式，一种朴素的力量。

邹继博开发的原料都是收集来的天然植物。天然植物有它自己的生长区域、生长季节，因此需要配合着季节去收集。

"每种材料都有最适合收集的季节，我们真的是跟着节气过日子。在那些自然材料的最佳产区，在尊重当地的自然条件原则下，在不影响生态环境的原则下，有序组织村民进行采集。"邹继博说。

采下来的野草材料首先需要晒干，之后储存在当地的仓库，并按照老祖宗

传下来的手艺加以处理。这些材料有的是用客户指定的设计方式，邀请最精湛的编织工匠仔细完成，有的则是邹继博自己的设计。

所有的面料加工，全部手工完成，坚持少量、缓慢、专注，为的是坚守传统技艺，也希望完成对它自身的超越，秉承和、静、清、寂，用勤劳之手、匠人之心、朴素之法，用平凡而坦率的设计语言来表达当代设计的理想与信念。这也是一种生活的修行。

内心越丰盈，生活越简素

植物材料都是用手工加工的，每一根的粗度都不一样。它们在手工或纺纱后，在编织过程中也非常易断，需要手工反复打结。虽然这样编织起来非常繁琐而且相当耗费时间，但是邹继博却从不妥协。他说："天然材料与手工结合的效果，是化学材料或是

①②
③④　①、②、③、④所有的材料加工全部手工完成

流水线生产所不能达成的。"

　　这些微不足道的小草，最后竟然成为知名品牌的最爱。邹继博有他自己的诠释。他说："其实每个人都是渺小的，无需关注太多。专注自己的事，全力投入自己的生活，自己可能不知不觉就已经成了别人眼中的风景。"

　　"简素"的设计都来自邹继博。他选择不同的植物纤维，尝试不同的设计搭配。每件作品都是独一无二的，都代表着一个时光记忆，代表着那一刻的感受。

　　"我要尽可能地收集起来，让它们再次绽放。"邹继博说。

　　"就像黄麻和冬菇草的结合，它们两小无猜，青梅竹马，一起成长并在夏天热烈地盛放，直至枯萎了却依旧紧紧依偎。"

　　"我曾在春天的路边捡到过一棵野草，长得非常茂盛，秋天

①②
③④
⑤⑥

①、②、③、④、⑤、⑥ 天然材料成就素朴之美

跟着节气过日子

春

　　种子脱离植物后，留下很多壳挂在植物枝条上，近处闻起来有一股浓烈的类似茴香的味道。也许正是这个味道让很多蚊虫和动物远离它，让它成功度过了一个美好的四季，也可能是为了守望故乡，还有可能是为了等待孩子们的回归，所以我们利用枯枝做了一个回家的主题设计——《归》。我想这也是植物最想表达的。"

　　把更多的设计元素植入天然材料，并且融入现代人的生活当中，可以触摸到亲肤的柔软，闻到大自然的味道。你看见，你喜欢，可以感染温暖到你，这就足够了；用手里的材料来表达自己的情绪，在手作中让自己也沉静下来，去除喧嚣，回归到对自然和生命的崇敬。这是邹继博的想法，也是"简素"一直在坚持的。

　　"内心越丰盈，生活越简素。" 邹继博说。

乌饭香里蜜橘甜

◎ 李阳，江西南丰县土生土长的年轻人，也是一名闲不住的「野人」。「野人」追着南烛叶和蜜橘在山上跑，终日不得闲。

南丰县地理位置优越，地势中间低，东南及西北高。以直通南北的旴江为界，其东南面属武夷山脉，西北面属雩山山脉。山上植被茂密，适合各种植物生长，是有名的「蜜橘之乡」。春天一到，绿意盎然。从小在大山里长大的李阳爱这大山的气息，一天不往山上跑浑身都觉得不自在。山上除了各种各样的野果子，还有一样宝贝——南烛叶，让他念念不忘。

江南四月乌饭香

南烛叶也称乌饭树叶。每年的四月初八，南丰的家家户户都会用南烛叶制作乌米饭。

在阴历四月这个季节，虽然乡下已开始修剪蜜橘枝、施肥、锄草，忙得很，但制作乌米饭的习俗，却不会因为农忙而改变。每个农妇都会去山上采集南烛叶，或是早早地嘱咐自家的孩子放学后采一些回来。她们晚上在灯下将叶子洗净、碾碎、沥去杂质，然后浸泡糯米。第二天早上，还在睡梦中的孩子，早早地就能闻到乌米饭的清香。这是李阳小时候的乌米饭记忆。

乌饭，又称黑饭，属江南一带地方民间风俗小吃。吸收了乌饭树叶精华的糯米蒸熟后，就成了乌米饭；再添加少许白糖，芬芳与甘甜交相融合，释放出沁人心脾的香气。

乌米饭还叫青精饭。乌叶汁色青而光。道家认为青是东方之色，与春天相呼应，能滋长阳气，把它看作"仙树"，说吃了乌米饭，能够"气与神通，命不复殒"。因此"斋日以为常"，名之为"青精饭"。虽说吃了乌米饭能长生不老只不过是道家的一厢情愿，

①
②｜③　①、②、③跋山涉水采南烛叶是李阳的工作常态

但"久服，轻身明目，黑发驻颜"确是《本草纲目》里记载的功效。因此，乌米饭同样是俗世间的时令美食、养生佳品。宋朝的《山家清供》开卷第一篇就是"青精饭"。经中国农业大学检测，乌饭树叶花青素含量是蓝莓的 4.6 倍。花青素的抗氧化能力是维生素 C 的 50 倍，久服对抗衰老会有帮助。

李阳说南烛叶除了用来做乌米饭，还可以用来做乌凤爪、乌猪手、乌米粽、乌饭茶等，看似乌黑，清香的口味却别有一番滋味。以前，人们一般只能在每年的四五月份才能吃到乌米饭，过后很难吃到。如今，为了大家长期能吃到乌米饭，达到延年益寿的效果，李阳还研制出了乌米饭干制品。真空包装的乌米饭便于贮存和携带，已成为江西南丰的黑色旅游食品。

跋山涉水撸叶子

南烛叶原本作为当地的一个节气食材在使用，近几年由于大家普遍重视健康，它变成了一款热销的食材。"橘子哥"李阳这个天天在山上打滚的"野人"，自然是不会放过这个市场机会的。跋山涉水撸叶子是他的工作常态。

采南烛叶是个辛苦活。为了采到最新鲜的叶子，李阳每天早上五点半就要起床上山。野生南烛叶一般都生长在山顶灌木丛。刚开始采叶子没有经验，他也不知道哪种地方有，往往采几斤叶子要爬几座高山。十年时间过去，他已经跑遍了家乡大大小小不计其数的山脉。他甚至已经知道哪座山、哪个地方有南烛叶，大致有多少棵树。

李阳每天按量采摘七八十斤叶子。这些新鲜的叶子一部分包装好发往全国各地，供消费者体验 DIY 乌饭的乐趣；一部分留下来制作乌米饭干，可谓物尽其用。由于长年累月接触南烛叶，李阳的手指已经被染黑，黑到看不出皮肤原来的颜色。如此辛劳的

代价是练出了一手绝活——他采摘南烛叶，不用刀具只用手，食指和拇指轻轻一捋，叶子和茎就一同摘下来了。南烛叶摘了长起来很快，但是也要注意不能伤到根部和枝干，这样才能保证持续有新叶供应。

乌饭树与蓝莓同属杜鹃花科，采摘和制作时都会闻到一股清新酸甜的花果香气。

乌饭树除了叶子可以食用，到了冬天它的果实也是非常好的。它的果实跟蜜橘一起成熟，则是另一种舌尖上的美味。

吃苦受累坚守传统农法

春华秋实。每年的 10 月底，是南丰蜜橘开始上市的时候，

　　这预示着"野人"李阳即将进入挥汗如雨的橘园拼杀阶段。为什么叫"拼杀"呢？ 就说把橘子运下山吧。一次，面对着六个帮工帮忙采下来的两千公斤橘子，他硬是一个人全部挑下山来。一趟六十公斤，上山下山总共要花三个半小时，这样来来回回跑了三四十趟才全都挑完。

　　道路泥泞，伙食简陋，只是李阳种橘子吃苦受累的一小部分。

　　过了考验自身体力耐力这关，更难的是老天爷给的考验。南丰的蜜橘和天气息息相关，晴雨交叉均匀时蜜橘总能丰产；但如果采收期连降大雨，只能眼睁睁看着很多蜜橘烂在树上。2017年春天雨水特别多，进入夏季以后经常一两个月不下雨，导致很多橘树结出的果实味酸、渣多。

　　在南丰，几乎没有橘园具备健全的灌溉系统，李阳就用土办

跟着节气过日子

①|②　　①、②甘美多汁的南丰蜜橘

法自制了一套相对实用的滴灌系统，人力物力投入加起来也前前后后有几万块。这么做的目的只有一个：他希望坚守小品种蜜橘树。"因为产量低，现在大家都改种大品种了。可要说香甜不腻、口感好，还得是小品种，那是舌尖上纯正的老味道。我准备做好只要质量不要数量的改良。如果质量有改善，那也值了。"李阳如是说。

当我们定义他为"新农人"时，李阳都有点自我怀疑："收入不多，又没啥高科技、新概念的光环……"然而，吃货们对乌米饭、乌饭粽和蜜橘本味的执念，离开了不取巧、无添加的传统农法，就无从实现。

不风不雨正晴和，翠竹亭亭好节柯。
最爱晚凉佳客至，一壶新茗泡松萝。
几枝新叶萧萧竹，数笔横皴淡淡山。
正好清明连谷雨，一杯香茗坐其间。
——《七言诗》
（清代 郑板桥）

谷雨是"雨生百谷"的意思。每年4月20-21日太阳黄经30°时为谷雨。

《月令七十二候集解》曰:"三月中,自雨水后,土膏脉动,今又雨其谷于水也。雨读作去声,如雨我公田之雨。盖谷以此时播种,自上而下也。"

谷雨,春季最后一个节气。和雨水节气不同,雨水节气是告别雪开始雨;谷雨节气,是巴山夜雨,是随风入夜,润物无声。"蜀天常夜雨,江槛已朝晴。"(唐代杜甫《水槛遣心二首》)夜雨昼晴,甚是宜人,也宜作物生长。

此时,春将归去,"杨花落尽子规啼"(唐代李白《闻王昌龄左迁龙标遥有此寄》),柳絮飞落,杜鹃夜啼,牡丹吐蕊,樱桃红熟。

做陶如生活，踏实
才能存活久远

◎ 二零一二年，李长亮从中国美院的陶艺系毕业后，只身来到重庆师范大学读研。读研时改读的图像专业，与他原来的陶艺专业有本质的不同，加之举目无亲，让他在心理上一时难以适应。此时的李长亮特别想从事陶艺创作，借以排解心中的孤寂。

「终于有一天，我在网上看到了四川美院尧波老师柴窑工作室的消息。网上的地址并不具体，只知道它在歌乐山上，但是某种激情让我一定要找到这个地方。我沿路打听，乘公交、小三轮等交通工具，几经辗转，最终到达目的地。」李长亮说。

这次的寻觅虽然艰辛，却对日后李长亮的创作产生了重大的影响。

「我找到了创作的方向。」李长亮如是说。

生机与活力，是陶瓷创作最需要的灵魂

陶瓷是一种材料，艺术创作却需要灵感。如果没有创作的缪斯，怎能创作出理想的作品呢？

在重庆的歌乐山上，尧波老师发现了李长亮的困惑。

李长亮在大学时学的是陶瓷专业，却属于陶塑类。陶塑要求学生用陶瓷材料做出艺术创作。这对李长亮而言成为一种限制——不只是一种心魔、一种束缚，更是一个苦恼的心结。

"他告诉我，不要被过去所学的东西限制，更不要追求外在的功利；最重要的是把自己想做的东西做出来，无论是什么。"李长亮说。

在歌乐山上的那段时间彻底的改变了李长亮。他放开了自己，想做什么就去做。

他从实际的制作中解放了自己的灵魂，并发现创作的本身来自不停的自我修正与尝试。

"最初的创作构思有时候只是一个想法、一种冲动。在创作展开后，我们只能沿着这个方向走。创作过程中往往会有一些其

① ①敞沿公道杯

② ②鼓腹绿公道杯

他因素的影响，比如温度、火候、原材料等。作品最终的效果，多数情况下与原始构思很近，偶尔会有一些偏离。这些偏离往往会带来意外收获。"李长亮说。

在那段时间里，李长亮对陶艺的创作思路似乎获得了解放。他对陶艺的认知也慢慢改变了：不一定要做出众人认可的艺术品，一定要先让自己满意。

"原来，创作来自内在，而不是表面。因此，自己的感觉是最重要的。就像现在许多在外打工的人，生存是其唯一的原则。"

"可能许多人认为他们的穿着打扮不够高大上，不够档次，但是这些人却充满了生机，充满了故事与活力。"李长亮说。

生机与活力正是陶瓷创作最需要的灵魂。这是创作者的精神表现，更是作品精神的根源，陶艺作品的创作来自内在，所谓"生气远出，不着死灰"。

做陶如生活，踏实才能存活久远

从重庆回到杭州后，李长亮回到中国美院旗下的陶瓷公司任职，只工作了三个月就辞职了。原因是找不到创作的热情。

对于李长亮而言，创作必须来自内心，并能持续这个热情不断。他不想讨好市场，更不愿意违背自己内心做出一些矫揉造作的作品。

那么他的创作灵感来自什么呢？外人不免好奇。

"我的灵感源自生活。"李长亮说。

当年尧老师给他的开悟——想做什么就去做，李长亮把它当成了座右铭。于是他从生活中汲取了许多灵感，做自己想做的事，并透过一双手去实践。

自认为"陶艺拾荒者"的李长亮，其创作灵感来自生活。其作品反映的不只是生活里的感悟，更是生活的经验。

李长亮的创作灵感来自生活

李长亮现在的工作室设在杭州的富阳。这是一个美丽的山村。元代大画家黄公望当年就在富春江畔结庐隐居，创作了绝世名画《富春山居图》。

"我就像是生活的拾荒者。拾荒并不是捡拾剩下的，而是收获那一份看不到的生活灵气。"李长亮说。

"我的工作室在一个农家院子里。院子里住了一对农民兄弟。

①②
③④

①幽燕盏

②九里盏

③霜重对杯

④灼山对杯

这两位农民兄弟已近耄耋，却健康矍铄。"李长亮举了一个例子。

"他们的生活简单朴实，家庭和睦，其乐融融，不像现代人的生活看似荣华富贵，实则焦虑不安。每次我出门时，与二位老人打招呼，心中总会生出感触。"

"做陶瓷就是要像他们的生活，踏实才能理气中和、存活久远。"李长亮说。

因此，李长亮并不想制作那些高大上的陶瓷器物。"我就只想做些日常使用的器物，这给我一种稳定、踏实的家的感觉。我认为生活本身就应该如此。"

①、②、③、④让人用着舒服的日常用品

顺天应人也是一种幸福

谈到何时开始以日用器物为创作的主题时，李长亮说："有次炒完菜，随手拿来一个盘子，突然发现与菜品不搭调。于是，我花了好长的一段时间制作适合那道菜的盘子。"

"还有一次，我在菜市场买来当季的樱桃与草莓。为了能把这些鲜艳欲滴的水果摆得好看，我翻遍了家里的橱柜，却找不到合适的器物。因此，我又开始研究如何烧出合适的盘碟。"

"每次做新的器物我都很兴奋，会在心中想象器物在日常使用的画面。"

从自己的生活着手，李长亮找到了让他享受创作过程的秘诀。

就这样的，李长亮遵循老师的指导，依照自己内心的感觉与冲动去创作。他把家中女友买来的日常杯盘等器物逐渐换掉了，变成了自己看了、用了都舒服的日常用品。

创作这些日常可以使用的作品，李长亮感觉非常满足，就像是自己的世界已经圆满了。

有时候一个想法还在实践过程中，又会有一些新的想法冒出来。虽然某些想法最终效果不一定完美，但在打破常规的试验中，总会有新的惊喜出现。

这也是令李长亮坚持以日用器物为创作主体的原因。

但是，在陶瓷界追求艺术成就的圈子里，李长亮这样独树一帜的创作理念，是否能养活自己呢？有人问他这个问题。

"我出生和成长在农村。小时候下地干活，除了天灾以外，基本上只要付出汗水就能有收成。"李长亮说。

因此，李长亮对生活中的艰苦并不以为然。他认为，做陶就像农人看天吃饭一样，什么时节该做什么，就努力去做；顺天应人也是一种幸福。其实，金钱只要够用就好了。

◎ 六年前，行佳丽还是一名亲子故事的插画师。她的创作题材十分丰富，例如讲述亲子趣事的《猪妈咪生了个兔崽子》，介绍宝贝辅食的《外婆厨房》，还有根据一家三口睡姿画的《可可家的字母表》。毋容置疑，她是一个优秀的设计师。但她并不快乐，总觉得日子过得有些糙。

用自己喜欢的方式过一生，是行佳丽的想法。这种想法，让她做了一个大胆又冒险的决定——辞职，回到山西那片生她养她的土地。在这里，她如获新生。她忙于发掘当地传统手工艺：柳编，绣活，古法织布，制陶，印花。

传承和更新，时不我待

为什么会放弃已颇有积累的插画事业回故乡？行佳丽觉得，山西的手工艺遗存实在太丰富！这片土壤实在太肥沃了！生于斯长于斯，她有责任去发掘、传承和更新。

她举例说，柳编是人类最古老的技艺之一。原始先民就已经在劳动中发明了用植物藤条编织各种生产和生活用具。山西洪洞韩家庄的柳编早在2012年就被列入临汾市非物质文化遗产名录。过去柳编器具都是家常日用，而今天，它蕴含的原生态美学让家居分外与众不同。

柳编只是山西传统手工艺的珍宝之一。诸如此类的，行佳丽可以扳着手指数很多。

2006年被评为山西省省级非物质文化遗产、2008年被评为国家级非物质文化遗产的高平绣活，据专家考证可以追溯到明代中期，母传女，婆传媳，图案、工艺代代相传，婚丧嫁娶，小孩满月，密密缝制的针脚里全是人间至情。

2013年被列入省级非物质文化遗产项目名录的平阳印染布

①②
③④ ①、②、③、④孔版印染杯垫

跟着节气过日子 春

莲花随身包

艺，长久以来被用于印制蓝花被面与彩色包袱皮，其实与古埃及、罗马、日本的"型版印花"异曲同工。

如今人人皆知宜兴紫砂，却少有人知道民国初年山西也有过一段紫砂器生产的历史，其制作地就在陶瓷原料的天然宝库——平定。

而民间古法自织的老粗布，用当下的观念来看，从原料到工艺处处与绿色生态生活方式相契合：纯棉纱手工制作，弹花、纺线、浆线、刷线、吊机子、织布、了机的工艺，虽原始却步骤严格。

这些老粗布的成品质地柔软，透气性好，无静电反应，冬暖夏凉。古法织布特有的粗线深纹让整个布面形成无数个按摩点，对人体皮肤起到意想不到的按摩作用。

①②
③④
⑤⑥

①、②、③、④、⑤、⑥行素布袋

跟着节气过日子
春

行佳丽工作照

手作事业，对心有益，对事圆满

其实并不是当代人遗忘和不需要手工艺，而是所有这些，都迫切需要用当代设计的语言来重新说给大家听。

因此行佳丽和她的伙伴们与许多民间手工艺人结成了对子。她们负责设计，民间手工艺人负责制作。

本地很多民间艺人都是心灵手巧的家庭妇女。她们不出家门便可在日常生活中完成这些活计，能很大程度上帮助她们增加收入，改善生活。这也正是行佳丽说的，"手作除了帮自己打开生

①②
③④
⑤⑥

①、②、③、④、⑤、⑥柳编餐篮＋高平绣餐垫

线装书茶席

命宽度，还可以帮助一同参与的其他人"。

如今，当地妇联和非遗保护中心也肯定了行佳丽和伙伴们这种提升妇女生活品质的努力，一直在帮她们联系、推荐这样的手艺人。

在"不·设计"已经面世的花样繁多的作品中，行佳丽自己最偏爱一款名叫"线装书"的茶席。它采用古法工艺手织而成，布满手工结点的植物靛蓝与机器织布的呆板匠气有很大不同，富有肌理感与手工灵性。在手搓粗棉线与手工锁边的陪伴下品茶读书，心情会格外恬淡放松。

离开了单纯的学生时代和插画师时代，养娃，创业，现实生活渐渐喧嚣芜杂，行佳丽不能每天坐在书桌前画画，但有种信念不可动摇：手作是带有体温的艺术，是历久弥新的东西；我们追求将传统手作与现代设计相融合的慢生活方式，也有义务去薪火相传这份纯粹和美好。

这份"无添加"的心意，深深蕴藏在植物能量中

◎ 手作洗护品牌『由心』的创始人乐凡曾有从事公益环保的工作经历。那时她一直在呼吁：多一个人，就多一份守护环境的力量。没想到的是，她自己有一天会换一种身份投身环保。

促使她成为手作人的契机是孩子的诞生：成为母亲后，她想让孩子过上绿色的生活。她发现，清洗是妈妈们每天都在殚精竭虑的问题，然而国内市面上大多数洗护用品却都还在使用刺激性强的石化系表面活性剂。皮肤是人体与外界接触面最大的器官。它会呼吸，是人体的传感器、防护罩和通报器。长期使用石化系的洗护产品，不但对个体健康有负面影响，那些不可降解的成分也会让环境不堪重负。

儿时记忆，水汽氤氲着皂角的清香

从小在成都平原长大的乐凡谈起儿时洗护用品时这样说："那个时候，在成都平原许多地方，几户人家住在一个大院子里。院子里种着皂角树、木槿花、苦楝子等植物。这些植物的花或果实，可用于熬制日常清洁用品——几乎可以涵盖家庭清洁的方方面面。"

乐凡儿时许多的记忆与母亲制作天然洗护用品的过程有关。皂角成熟的时节，成熟了的褐色皂角掉落一地。母亲将它们拾起，装了满满一筐放在院子里晒干，再熬成粘稠的汁液，烧好水，搬来小凳，叫小乐凡在院子里洗发。水汽氤氲着皂角的清香，母亲的手温柔地穿过头发。多年过去，那一霎的幸福感总是萦绕在乐凡心头。

20 世纪 80 年代，市场上出现了许多国货，像蜂花、雪花膏这些日用品。因其使用与保存的便利性，它们受到大众认可。大家普遍放弃了熬制日常清洁用品的习惯。于是，院子里的皂角树也陆续被砍掉。这些树因木质坚实而被制成了家具。

①、② 云南山居的日子，让乐凡开创了"由心"的无添加洗护品牌之路

跟着节气过日子　　　　　春

那些皂角树，大都是生长了几十年甚至上百年的大树。它们在大众视野中消失了，在清洁中的作用也因此逐渐被遗忘。

活出最纯粹的生活味道

在云南山居的时候，乐凡对当地丰富的植物产生了浓厚兴趣。她曾经制作过各种鲜花酵素。酵素可以抑菌，可以温和地呵护头皮与皮肤。由此，乐凡得到启发，开始研究洗护产品。她给这个系列的产品命名为"由心"。所谓"物由心生"——当你的心不急不躁、不怨不嗔、不贪不恋、不忧不惧，你才能活出最纯粹的生活味道。

在创始初期，产品生产的所有工序都由乐凡一人独立完成，这需要纯熟的技巧，更需要极致的细心与坚韧的耐心。手作的辛劳也让她有过彷徨、退缩与沮丧。而她的坚持与全情投入，感染了身边越来越多的人，得到了很多志同道合的友人支持。

中医药大学的教授、中医师无偿赠予了乐凡配方，与她一道打磨成分配比，解决了许多专业问题。本朴生活学院则拿出一诚长老的书法和堂空一师的诗文绘画，为"由心"打造了地道东方韵味的产品形象。

就这样，"由心"洗护的主人由乐凡一个人慢慢成长为一个小团队。团队中，有资深中医师做配方上的指导，有来自法国的博士时不时给出精油与植物方面的专业见解，有原本学化工的"90后"小伙一门心思扑在天然日用品的研发上。

从使用感到气质，都体现一种亲切温润

在已经问世的产品中，乐凡最偏爱的是景迈古树茶洗发系列。景迈山位于西双版纳、普洱和缅甸三地交界处，以普洱茶闻名。

古老的茶林山峦叠翠，常年云雾缭绕，生态环境十分优良。每年，她都会在景迈山住上一段时间，看看当地茶农的劳作，思忖什么才是保护生态环境、实现可持续发展的最好途径。景迈古树茶洗发系列产品的面世就是她参与其中的方式。

产品原料取自景迈山古茶园中六百年以上的古茶树，无论维生素含量、微量元素含量还是清热排毒、抗氧化功效都非常出色。那些至今还蕴含在郁郁葱葱的古老茶树中的生命能量，可以让更多无法亲临其境的人受益。

产品诞生之初，乐凡只是送给身边的朋友使用，没有做任何商业推广，却渐渐有素不相识的买家前来购买。后来，许多忠实

用户更是自发为"由心"传播口碑。比如一位在检测所工作的朋友就跟乐凡说过，现在国内洗护市场比较混乱，缺乏规范与认证，多数企业都在做概念，比如往传统石化系产品里添一些植物成分就称"植物洗护"，就堂而皇之地称"无添加"，虽然它们没有添加硅油，但其他的香精、防腐剂等化学成分一个不少。可以说，在洗护品牌市场上，真正像"由心"这样从起泡剂到防腐剂全都是天然成分的，属于凤毛麟角。

乐凡觉得，"由心"的用户群体虽然小众，默契度却很高。所以，她不奢望能做多大，不过分追求利润，只希望大家不管选择什么样的产品，都能够明白健康是福，对自己好一点，对家人好一点，

非凡馨无也。
入谷
返品

丁午号
小品

醒星
覺
由心
空一图

可貴天生物

牵棋書院 雲庵書

对地球好一点。

　　"无添加"不是空谈概念。乐凡希望"由心"能做到像日本民艺家柳宗悦说的那样，从使用感到气质，都体现出一种亲切温润的生活美——它是生活的初心。

髹物成器，找寻漆艺
在日常生活中的美

◎　漆的历史非常悠久，早在

六七千年前的河姆渡文化中，考古

工作者就发现了一只髹木胎红色漆

碗。漆艺，以漆树的天然液汁为媒

介，在木、竹、布、皮等材料上进

行髹涂制造。因环保、防潮、耐温、

防腐等特性，大漆很早就为我国

创作者所用。据记载，我国在七千

年前就曾出现木胎漆器和夹布胎佛

像，而后历经商周直至明清，漆艺

不断发展，达到了相当高的水平。

大自然中没有一朵花、一片叶子是相同的

漆艺的制作有很多工艺：皱漆，波斯漆，研磨，雕填，莳绘，等等。最简单的漆艺作品也需要二十多道工序，如果每天一道工序，最快也要半个月时间制作完成。因此在过去，漆器只有皇家贵族有能力使用，平民百姓是不可能享用的。

2015年，赵飞成立工作室，起名为"髹物成器"，希望通过将大漆涂在原本破碎的不易保存的器物上，使器物焕发新的生机。这不仅让其变得有观赏性和实用性，还能让其融入人们的现代生活，使漆艺重生日常生活中的美。

世间的事儿有果就有因。赵飞之所以与漆艺结缘，是因为偶然来到清华美院成为漆艺专业老师的助手。那时他并不知道漆艺。经过四年多的默默学习，经过老师的悉心点拨，赵飞才逐渐了解什么是漆艺。

学习漆艺之初，赵飞主要创作漆画，图案很传统，技法也很单一。

2014年，赵飞离开工作室后，陷入了创作的低潮，在家呆了

①|② ①、②院子里的葫芦都是赵飞的创作素材

半年时间，什么事情都没做。这段时间，他经常在乡下散步，顺便会捡拾一些挂在树梢的干石榴、看起来很丑的朽木、歪七扭八的树头、被丢弃已经半烂的铁道枕木甚至路旁枯萎的铁树残叶。这些被忽视、被丢弃的自然之物，在赵飞眼中有极大的可塑性。

那段时间，赵飞脑子里一直有件器物在打转转，想将它表达出来，只是一直没找到合适的材料和表达方式。直到有一天散步之时，看到了乡下菜园里那些农人嫌弃的、形状不好的干葫芦，他的灵感才瞬间爆发。

"就是它了！"赵飞心中一阵狂喜。

赵飞创作的第一件自然之物形状的大漆作品是葫芦。他采用

跟着节气过日子 春

　　的是经过反复切开再用大漆拼接的工艺。"终于发现这样的方式不仅完成了我心里的一件自然之漆器，并且实用好玩，还可以传承，简直堪称完美。"赵飞说。

　　接下来，赵飞开始做各种实验，把他在清华美院所学习到的各种漆工艺都应用上了。

　　例如，大漆勺子是赵飞第一次尝试将脱胎和半成品底胎漆艺结合。因为没有脱胎的经验，他做得比较艰难和痛苦——这也是难免的。赵飞记得当时先用石膏做了个圆柱，修整成和葫芦口一样大小的直径，再在外面贴麻布刮灰打磨，足足花了两个月时间才把底胎做好。完成的作品外面保留了布纹的肌理贴金，里面保

①②③④⑤⑥ 大漆茶器

持了素鬃的原生态。

赵飞总是保留葫芦的蒂，并顺着葫芦的形状切割，这样可以保证每件作品都不同。大自然中没有一朵花、一片叶子是相同的。他的创作就像是与大自然对话。

每次有新的主人带走作品都有点不舍

每次在挑选葫芦的形状时，赵飞心中已经开始想象器物的模样。

"大自然已经帮我做好了一半，剩下的是人为的工艺与巧思了。大自然的创作是最美的，我尝试在大自然的形状上加上实用机能与大漆工艺。"赵飞谦虚地说。

即便如此，如何在选出来的特殊形状的葫芦上进行切割，也是需要某种眼光的。

赵飞说："我挑出合适的葫芦，切成荷花花瓣的美丽造型，再用大漆这种最简单朴素的制作技法使花瓣的形状永久地附着在葫芦上，简单实用，又有些随意浪漫。"

因为每个葫芦的形状都不同，每件作品如何设计、如何切割都需要新创意，所以他的葫芦胎茶勺或水勺，没有一个是相同的。

"每次有新的主人带走都有点不舍！"安静的赵飞忽然说了这一句。

他指着工作室的一把勺子说："这把勺子已被一位在日本学习茶道的朋友收藏。记得她本是想找把水勺，但是她一眼就喜欢上了这把勺子，后来觉得一把水勺太孤单，就把我的水勺和茶勺都一起带走了。"

除了茶勺，赵飞也开始以茶器具为主题进行创作。

"这是我第一次尝试用漆做茶杯。我找了一对大小、弧度相似的葫芦，用底部切出杯子的形状。"

　　"杯子里面的墨绿色是无意中保留下来的。有一次，调制好的绿色的颜料没有用完。当时觉得这颜料颜色很漂亮，就直接加了瓦灰调制成了漆灰，刮在了这对小杯子里，漆干后直接髹涂了生漆三道。后来打磨的时候发现杯子隐隐约约出现了墨绿色，就立刻停手没再继续打磨，因为这时里面显现的绿色和外面通透的红色，有种相得益彰的美。"

　　"这些意外，有种老天安排的喜悦。这对杯子也准备自己收藏，不卖了。"赵飞腼腆地说。

　　性情中人的赵飞，做起器物非常恬淡随心。这是他能把一般人看不上的朽木、废材做出有意境的禅味的原因。

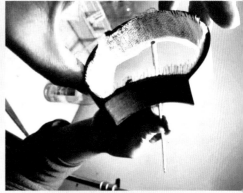

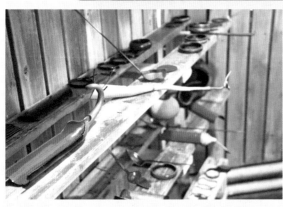

①②
③④
⑤

①赵飞工作照

②大漆工艺流程：裱布

③大漆工艺流程：过滤漆

④大漆工艺流程：贴金箔

⑤大漆工艺流程：入荫房

茶席作品图

跟着节气过日子

春

自然的形制，灵性的创作

赵飞不是学设计的。做杯子时，他并没有从商业的角度去思考，也没有想过要为杯子做个茶托来搭配。

"后来我给杯子做了茶托，属于机缘巧合。有一次无聊拿着锯子锯葫芦玩，想把葫芦锯开，但无论怎么锯，葫芦的纤维都会阻挡锯齿，总是锯不直。于是我开始探索把葫芦锯直的方法。"

赵飞开始凭感觉锯。他锯了好几个也没锯直，就开始用各种尺子量，最后被他锯得很直很平，竟然发现葫芦抛开后的弧线很美，可以一层一层地做成茶托。

赵飞目前的漆器创作，主要是以天然的葫芦、布料、木头、竹子作为设计材料。除了从乡下捡来一些丑葫芦外，他也会去市场上买葫芦。

"我总是捡那些别人不要的，因此也最便宜。"赵飞说。

赵飞把这些葫芦切出不同的形状放在一边，有时间就去看它们、把玩它们，觉得很有意思的就会立马挑出来准备创作。

"总有一刻，灵感会迸发出来，无需着急，交给时间，交给心情。"

赵飞深得自然之心，慧眼识得被一般人嫌弃的朽木、形状不好的葫芦、被丢弃的果皮等。他用这些自然的形制，创作出充满灵性的茶器具。

阿珂和她的肥皂们

◎ 三年前，阿珂还在一家化妆品公司任职。担任品牌经理的她，时常反思一种不正常的业界现象：化妆品厂生产的东西为什么自己的员工都不想用？

阿珂从起初只为治愈友人湿疹而开始她的制皂生涯——一块皂，一成工艺，九成植物。手工做法纵然耗时费力，但它永远是自然与生活的交流途径。她坚持最天然的冷制皂方式。用不超过四十度的低温保留皂化过程中的天然甘油，更为了让皮肤零负担；坚持纯手工无添加，保留肥皂真实的气味和质朴的样子。

碧疏吹溜湿灯花，客乡无梦寻珂里

许多年前，阿珂也不知道未来的自己会做些什么。她是同学中第一个被广州远郊用人单位相中的姑娘，她思前想后还是没有去。老师和同学轮流做思想工作，她还是坚决拒绝了，因为她想到繁华市区继续学习深造自己。

时光如白驹过隙。十几年的职场打拼后，她开始思索往后生活的模样。她不喜欢穿高跟鞋，不喜欢化浓妆，不喜欢流连于酒吧、牌局，更喜欢呆在家里动手制作些什么。

她尝试为家里人制作没有植物奶油和香精色素的蛋糕，没有化学添加成分的肥皂，种植各式香草。她觉得家里除了人，生活用的清洁用品与食物的烟火气都不应带有标签，更不应有工厂大机器的冷漠。

所以，阿珂自创了天然生活护理品牌——"珂里"。"珂里"源自古词《踏莎行·破窗风雨为性初徵君赋》："碧疏吹溜湿灯花，客乡无梦寻珂里。"阿珂希望产品能渗入自身对天然生活的情感，包括个人童年记忆以及对亲人的依恋感，让使用的人维持亲密分

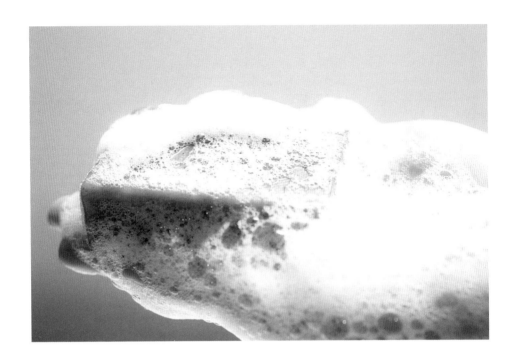

享的状态。

当世人喜欢五彩缤纷，阿珂却希望回归本真

如今置身繁华的市集，人们对花花绿绿、奇奇怪怪的物品更感兴趣。很多朋友也建议过阿珂做些形状可爱、香气浓郁、颜色艳丽的肥皂。他们说："你现在做的肥皂不符合主流市场的需要，没有人会买的。"阿珂却认为自己的朴实风格，虽与主流市场背道而驰，但是天然健康，终会被大众接受。

单纯的事物最接近人的本真。阿珂一直坚持不用高压热煮缩短熬制时间来破坏冷皂的有机成分，也不为了快速成形而添加石蜡，更不添加香精和色素让冷皂显得更香更美。肌肤需要的其实不多，冷皂最终的任务就是清洁。

①、② 阿珂的冷皂颜色纯朴

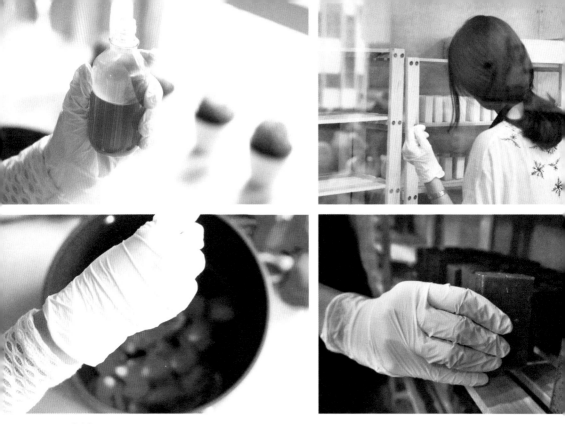

①②③④ ①、②、③、④阿珂深信，埋头钻研才是产品的持续发展之路

在阿珂手里，没有一块相同的肥皂

同市面上流行的其他手工皂相比，"珂里"的冷皂颜色很纯朴，形状不是很可爱，清淡的味道也不吸引人，不过它很健康、很新鲜。阿珂的冷皂只用青草、中药粉制作，不添加任何化学成分。去除了这些化学合成成分后，你会发现，肌肤好像更自在地呼吸了。

因为是天然产品，阿珂在刚开始推广时，也曾经遇到过不少问题。尽管商家觉得冷皂的形状不够方整（这是坚持手工裁切的温度，不倒模的自然形状），包装颜值不够（不想过度包装而失去产品的本真），然而还是有越来越多的消费者喜欢，"珂里"

也因此拥有了一群忠实的粉丝。

阿珂认为我们需要对人类以外的生物报以尊重和平等的心，才能一直坚持天然、质朴、本真，才能更好地完成从晒草药到萃取油脂等材料的处理步骤。接下来的步骤是搅拌、装盆、自然皂化三十天，最后是分切、包装。这些技艺看起来真的不难，甚至有越来越多的同行冒出，但阿珂深信，埋头钻研让自己的产品更精进，让更多的人能使用到真正天然、安全的冷皂才是硬道理。

世界很大，总还需要独立坚持的人。阿珂从来不害怕和别人不一样。

少即是多，慢即是快

每天的我们太忙了：忙着关心每个角落发生的事，忙着回应每个群落里的声音，忙着计划各种各样的梦想，忙着看那些如何实现计划的所谓干货，忙着加入各个群打卡——学英语的、晒早餐的、减肥的、美容的、早起的、早睡的、写作的、画画的……这个世界转动得越来越快。要跟上节奏，似乎只能鞭打自己，不停旋转。身边的小伙伴都在尝试各种学习，晒出各种成果，你当然也不能落后。

你所经历的好与坏，都会如实记录在你的皮肤上：那些不放在心上的暴晒，强迫症般的熬夜，经常不想护理的任性……你以为睡过一觉就没事了，但是皮肤的损伤却会悄无声息地积累着。等有朝一日皮肤终于承受不了的时候，它就向你摊牌——在你的脸上，以各种暗沉、泛黄、痘痘、黑头、粉刺的形式向你宣战。

阿珂研究的植萃护肤产品从来不宣称"速效美白"，因为她深谙皮肤的自然规律。在这个高速运转的社会，在人人都狂热追求速度的时代里，阿珂却选择逆流而行，坚持护肤必须回归到自然的道路。她在不断研究学习中考取了国家高级化妆品配方师证。

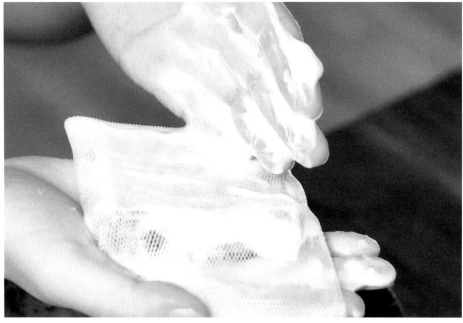

有些路永远走不黑

三年多时间，阿珂已从工作经验丰富的媒体人、快消品牌经理，变成每天面对电脑和忠实的客户沟通交流、设计适合客户的皮肤搭配方案、然后安静搅拌着一锅又一锅的健康清洁用品制造者和销售者。她写想写的字，拍想拍的照片，做喜欢的事情。她开着一家微店和淘宝店，卖自己工作室研发制作的肥皂、护肤品、芳疗产品，赚钱养活自己和工作室的助理们。这就是阿珂一直想要的生活。

阿珂经常收到客户发来的私聊微信。她们说："你的朋友圈很阳光很美好，你的勇气一直为我们所敬佩。谢谢你女汉子般的坚持，让我们看到人生的另外一种可能！"

也有人不理解阿珂为什么要做这样的事业，而且还有这么多坚持：无化学添加，无合成香精，无防腐剂，不量产。阿珂的理论是：这世界如此丰富，不缺生意人；我就想让人知道冷皂的好，坚持做"三无产品"，让更多的人受益；总得有人做着不需要被人理解的事儿。

有些路永远都走不黑。只要你坚定走下去，日光普照，通往觉醒。

有些情感只能从手中传递
——访转转会女主人成琳

○ 文／刘玉 ○

　　初见成琳，她上穿一件黑色夹克，下搭一条印花长裙。刚柔相济的造型也与她的性格十分相符。那是一个雾霾的午后，太阳被阴霾紧紧遮住，多少让人心情憋闷。但在转转会工作室一起坐下畅聊手作这件事时，大家依然满怀期待与兴奋。尤其成琳本人，她对于自己要做的事情，是抱着笃信的心态来做的，执著地认为有些情感只能从人类的手中传递出去。她说："不可否认，工业革命为我们的生活带来了革命性的改变。但是，手使人类成为万物之灵，因为从手开始，手脑并用，人类才有了创造力。"

回归最初匠人的手艺之美

　　翻看成琳的朋友圈，你会发现她总以转转会女主人的身份撰写文章。她喜欢收藏，也热爱分享，因朋友的一句话而萌生了创建"转转会"手作分享平台的想法。作为建筑学博士，成琳对于大工业时期的建筑设计理念如数家珍。不过也许是对其太过深入的了解与熟悉，反而激发了她关于人体工程美学，关于回归最初

匠人手艺之美的情愫。

　　"2013 年，转转会还不是一个平台。我们就是一群对美学有共同信仰的组织。彼时，当我与周围的艺术家、收藏家朋友聊天时，我们也会对来自日本的某些精致手工艺作品和设计表示由衷的赞叹。其实，设计师和艺术家都非常清楚，这背后的工艺种类与工匠技艺，甚至思维方式均来自中国。我们也会问自己：问题出在哪里？"成琳说，思考之后，她就果断地做起了合作。

目前，转转会经常不定期举行主题展览，在此期间也会有匠人亲自展示工艺技术，与工艺爱好者互动。在转转会的分享平台上，集结着四五千位手作职人与独立设计师。他们都是通过转转会公众号所发起的"手作之美创业联盟"登录而来的。转转会通过公众号报道职人故事，组织线下的展览、沙龙、市集等活动，协助他们推广自己的产品与品牌。对于这点成琳还是蛮自豪的。"许多手作职人透过转转会的平台获得了社会的协助。例如一位来自哈萨克族的羊毛毡设计师秦娜儿，在加入手作之美创业联盟时，已经从事羊毛毡八年了，一直没有什么拿出手的成果。秦娜儿说她把自己的积蓄与青春年华都倾注在做毛毡这件事情上了。我听了之后也是挺感动的。就在 2016 年，事情有了转机。"

　　2016 年，北京市文资办要在台北主办一个庙会。这是台湾地区的传统庙会，每年都是人潮汹涌。"基于之前的合作，当时我推荐了秦娜儿。没想到，文资办很快就联系了她，也帮她办好了所有的手续。秦娜儿跟我说，人家给了她很大的摊位，她一定要好好抓住这次机会。"在庙会上的工艺展示效果相当成功，很多台湾地区的民众对民族手工艺都表示出强烈的好奇心，买走了秦娜儿手工制作的不少服饰和配件。庙会展览的微信一经推出，县里的书记都找上了秦娜儿。她把现场图片发给爸妈，家人都很欣慰。"很高兴能协助她走出第一步。"成琳开心地说道。

手作的美在于心与时间

　　按成琳的话说，转转会过去一直是个人文荟萃的地方。"我也会举办沙龙，邀请交往甚密的朋友来此小聚。我们的聚会很私密，不对外开放。我们聊天的话题，也都是业内人比较关心和在意的。"在一次聚会上，当时任职北京国际设计周副主委的曾辉先生对成琳说，当下中国买手店中，大量充斥着仿制的器物，形式很美好，

使用很糟糕。手工艺品不等同于只具有鉴赏作用的艺术品，它还需要具有实际应用的价值。

"所谓民艺品，就是以民间的工艺制作出来的日常生活器物。那些器物具有特殊的温润质感，让人打心底里感到美观、安心。它们的共同点是实用、耐用、堪用。可是，在目前全球化浪潮之下，文化容易失去民族特色、地域特色，那些原来根植于传统与平常生活里的文化及美学价值，也在全球化的浪潮中失去了独特性。要恢复民族与地域的文化特质，只有透过日用器皿，尤其是餐桌上的食器，才能让民族文化以及地方特色重新回到民众的日常生活中。"

为此，成琳分享了一个自己的使用经历："我曾经买了一把茶壶。你知道，喝茶是国人的一大爱好，有一把心爱的茶壶是件多么让人受用和可心的事情。我当时在那间店内一眼就看上了其中一款古朴的茶壶，二话不说就买回去了。但是在现实生活中使用它的时候，那美感真是大打折扣：水总是从壶嘴漏出，倒一次水漏一次水。所以它的美只停留在外表，它的内心是不美丽的。"

怎样才能使得一件手工艺品从里到外都是美的？这需要心与时间。"我并不是鼓励大家回到钻木取火的年代。我想说的是，当代设计的一个最大特点是批量生产，但在批量生产的时候，设计师对材质的把握，对形式的熟知，对颜色的掌控，并不再像前人那样有深刻的理解。为什么呢？因为没有用手去体会过。"成琳还是坚持用茶壶做例子："用手制作的过程是一个反复积累经验的过程。今日的设计师用电脑绘图、做 3D 打印，完成一件器物轻而易举，但设计师如果不理解壶嘴的弧度与倒水的功能有关，就无法设计出一把好壶。设计不出好壶也就造不出好壶，因为之后的工序是机械制作。而匠人是用手捏制茶壶，壶嘴上扬的曲度，壶身的水容量，都是靠之前的经验所得。用时间积累下来的经验会反馈到匠人手中正在捏制的这把茶壶中——这才是它的美所

跟着节气过日子

春

　　在。"

　　在成琳看来，手作是让自己静下来思考的一种方式，也是感受自然以及事物价值的手段，是符合人本性的一种生活理念，也符合春生、夏长、秋收、冬藏的自然生活规律。在她的逻辑中，不真实的生活感受与体验，是没有任何价值的。而跟着节气过日子最重要的意义便是能让人真真实实地生活，并在这样的实践之中思考自己的人生价值与意义。

编著者声明：本书图文版权归属各手作职人及其隶属品牌所有，
部分图文提供者为北京优优蔓优科技有限公司。

图书在版编目（CIP）数据

跟着节气过日子. 春 / 成琳编著. —桂林：广西师范
大学出版社，2019.11
　（从前慢书系）
　ISBN 978-7-5598-2250-5

　Ⅰ．①跟⋯　Ⅱ．①成⋯　Ⅲ．①二十四节气—基本
知识　Ⅳ．①P462

中国版本图书馆 CIP 数据核字（2019）第 225516 号

广西师范大学出版社出版发行

（ 广西桂林市五里店路 9 号　邮政编码：541004 ）
　网址：http://www.bbtpress.com
出版人：张艺兵
全国新华书店经销
广西广大印务有限责任公司印刷
（桂林市临桂区秧塘工业园西城大道北侧广西师范大学出版社
集团有限公司创意产业园内　邮政编码：541199）
开本：720 mm × 1 020 mm　1/16
印张：17.75　　　字数：150 千字
2019 年 11 月第 1 版　　2019 年 11 月第 1 次印刷
定价：69.00 元

如发现印装质量问题，影响阅读，请与出版社发行部门联系调换。